百战程序员系列丛书
新工科 IT 人才培养系列教材

Android 程序设计教程

北京尚学堂科技有限公司　组编
高　昱　史　广　编著
高　淇　主审

西安电子科技大学出版社

内 容 简 介

本书以目前较为稳定的 Android 9.0（API level 28）为基础，全面讲解了 Android 程序设计，涵盖了 Android 程序设计所需的必备知识点，每个知识点都对应了示例。全书共 12 章，具体内容包括：Android 快速入门、Activity 组件、UI 组件基础、AdapterView 组件、UI 组件进阶、Fragment 组件、线程间通信、数据存储、网络通信、Service 组件、广播、应用程序间的数据共享。

本书适合 Android 初学者入门使用，也可作为高等院校相关课程的教材，还可作为 Android 程序员的参考用书。

图书在版编目(CIP)数据

Android 程序设计教程 / 高昱，史广编著. —西安：西安电子科技大学出版社，2020.4

ISBN 978-7-5606-5582-6

Ⅰ. ① A… Ⅱ. ① 高… ② 史… Ⅲ. ① 移动终端—应用程序—程序设计—高等学校—教材

Ⅳ. ① TN929.53

中国版本图书馆 CIP 数据核字(2020)第 020144 号

策划编辑 李惠萍 刘统军

责任编辑 武翠琴

出版发行 西安电子科技大学出版社(西安市太白南路 2 号)

电　　话 (029)88242885 88201467　　邮　　编 710071

网　　址 www.xduph.com　　电子邮箱 xdupfxb001@163.com

经　　销 新华书店

印刷单位 陕西天意印务有限责任公司

版　　次 2020 年 4 月第 1 版　　2020 年 4 月第 1 次印刷

开　　本 787 毫米×1092 毫米 1/16　印　张 16

字　　数 377 千字

印　　数 1～3000 册

定　　价 37.00 元

ISBN 978-7-5606-5582-6 / TN

XDUP 5884001-1

前　言

Android 系统作为当今最为流行、最为普及的移动端操作系统之一，受到了广大开发人员的青睐。本书旨在引导开发人员快速入门 Android 程序设计，在学习本书前开发人员应具备 Java 语言的基础知识。

1. 本书内容简介

从准确意义上说，Android 不是一门语言，而是一个程序设计框架。作为一个全新的程序设计框架，读者应将学习的重点集中在框架本身的功能及模块上。

本书以目前较为稳定的 Android 9.0（API level 28）为基础，全面讲解了 Android 程序设计。全书共分为 12 章，涵盖了 Android 程序设计的必备知识点，每个知识点都对应了示例，秉承北京尚学堂实战化的教学理念，让大家高效学习，迅速进入开发者角色。

本书所涉及内容以 Java 程序设计为基础，建议在开设本书课程前应设置不少于 32 学时的 Java 程序设计课程。本书内容注重实践，建议教学时理论课时数不少于 24 学时，实验课时数不少于 32 学时。

本书第 1~6 章由山西农业大学史广编写，第 7~12 章由北京尚学堂科技有限公司高昱编写，全书由北京尚学堂科技有限公司高淇主审。

本书适合 Android 初学者入门使用，也可作为高等院校相关课程的教材，还可作为 Android 程序员的参考用书。

2. 丛书作者团队简介

本书为“百战程序员”系列丛书之一。本系列丛书由北京尚学堂科技有限公司组织编写。公司目前业务涵盖软件开发、技术培训、技术咨询、在线教育四大领域，事业部遍布国内十多个城市。公司目前与北京大学软件工程国家研发中心联合研发了“程序理解与代码正确性智能判断”技术，连续多年被新浪网、腾讯网授予“中国好老师”“金牌教育机构”等称号，具有丰富的软件开始经验与教材编写实力。这套“百战程序员”系列丛书涉及大数据、人工智能、

Android 开发、Java 语言、C 语言、Python 语言等领域，其中每册书均配有一定的相关资源。

丛书编写组邮箱：book@sxt.cn，欢迎联系交流。

本系列丛书配套资料可扫描以下二维码获取：

三人行必有我师，如读者在阅读本系列丛书的过程中发现有不妥之处，望请指出，我们会不断改进、完善。

编者

2019 年 10 月

目　录

第 1 章　Android 快速入门

2008 年，谷歌公司推出了一款名为 Android 的开源智能手机操作系统，它采用 Linux 内核，开放手机联盟(OHA)成员可以任意使用和修改 SDK 包，系统的开源性使其具有良好的拓展性。Android 的最大特点是其具有开放性体系架构，不仅有非常好的开发、调试环境，而且还包含各种可扩展的组件、丰富的图形组件、多媒体支持功能以及强大的浏览器。

本章主要介绍 Android 系统的版本更替、系统特性、体系结构等背景知识，以及开发环境的搭建、模拟器的配置、Android 项目的创建等知识点，旨在使读者能够快速入门。

1.1　Android 系统概述

Android 一词最早出现在法国作家维里耶德利尔·亚当 1986 年发表的《未来夏娃》这部科幻小说中，作者将外表像人类的机器起名为 Android，这就是 Android 名字的由来。

Android 系统早期由美国一家名为 Android 的公司开发，该公司由 Andy Rubin 创建。Andy Rubin 曾先后就职于谷歌、苹果、微软三家知名公司，初期开发 Android 系统的目的只是想用于数码相机的操作系统。

2005 年，Android 公司被谷歌公司以 5000 万美元的价格收购，收购后 Android 系统由谷歌公司接手，Andy Rubin 成为谷歌公司的工程部副总裁，并继续负责 Android 系统的开发工作。随后 Andy Rubin 带领技术团队继续开发 Android 系统，但由于当时移动端智能操作系统并未普及，技术团队在项目资金用尽后，陷入了尴尬的境地，前途一片渺茫。正当 Andy Rubin 为未来悲观时，苹果公司发布了第一款智能手机 iPhone，并搭载了 iOS 系统，iOS 系统全新的设计理念和无比友好的界面，立即震撼了市场。此时谷歌公司意识到了威胁，重新重视起了 Android 系统项目，并增加了对 Android 系统项目的开发投入，最终将 Android 系统以免费的方式对外发布。

与此同时，谷歌公司与移动运营商、设备制造商、开发商及其他有关各方合作，共同进一步优化、改进了 Android 系统，Android 系统最终成为了一个标准化、开放式的移动电话软件平台，在移动产业中形成了一个开放式的生态系统。

Android 系统的开源，意味着允许任何移动终端厂商加入到 Android 联盟中来，这一点迅速得到了各大手机厂商的支持；同时，专业人士也可以利用源代码进行二次开发，打造出个性化的 Android。基于此，Android 取得了国内外众多手机硬件厂商和营运商的支持，而且软件的升级、更新也很快。并且，Android 的开放性可以缩短应用系统的开发周期，降低开发成本，有利于 Android 的发展。例如，国产的 MIUI 就是基于 Android 原生系统深度开发的系统，其与原生系统相比有了较大的改动。

1.1.1　Android 系统的版本更替

Android 最早的一个版本是 Android 1.0 Astro，发布于 2008 年 9 月 23 日，至今已经发布了多个更新。这些更新版本都在前一个版本的基础上修复了其中的 Bug，并且添加了前一个版本所没有的新功能。目前常用的两个版本是 Android 7.0 和 Android 8.0，历史版本发布时间及版本名称如表 1-1 所示。

表 1-1　Android 历史版本

版本名称	版本	发布时间	对应 API
Astro	1.0	2008 年 9 月 23 日	API level 1
Bender	1.1	2009 年 2 月 2 日	API level 2
Cupcake	1.5	2009 年 4 月 17 日	API level 3，NDK 1
Donut	1.6	2009 年 9 月 15 日	API level 4，NDK 2
Eclair	2.0.1	2009 年 12 月 3 日	API level 6
Eclair	2.1	2010 年 1 月 12 日	API level 7，NDK3
Froyo	2.2.x	2010 年 1 月 12 日	API level 8，NDK 4
Gingerbread	2.3～2.3.2	2011 年 1 月	API level 9，NDK5
Gingerbread	2.3.3～2.3.7	2011 年 9 月	API level 10
Honeycomb	3.0	2011 年 2 月 24 日	API level 11
Honeycomb	3.1	2011 年 5 月 10 日	API level 12，NDK 6
Honeycomb	3.2.x	2011 年 7 月 15 日	API level 13
Ice Cream Sandwich	4.0.1～4.0.2	2011 年 10 月	API level 14，NDK 7
Ice Cream Sandwich	4.0.3～4.0.4	2012 年 2 月	API level 15，NDK 8
Jelly Bean	4.1	2012 年 6 月 28 日	API level 16
Jelly Bean	4.1.1	2012 年 6 月 28 日	API level 16
Jelly Bean	4.2～4.2.2	2012 年 11 月	API level 17
Jelly Bean	4.3	2013 年 7 月 25 日	API level 18
KitKat	4.4	2013 年 7 月 24 日	API level 19
Kitkat Watch	4.4W	2014 年 6 月 25 日	API level 20
Lollipop(Android L)	5.0/5.1	2014 年 6 月 25 日	API level 21/API level 22

续表

版本名称	版本	发布时间	对应API
Marshmallow(Android M)	6.0	2015年5月28日	API level 23
Nougat(Android N)	7.0	2016年5月18日	API level 24
Nougat(Android N)	7.1	2016年12月4日	API level 25
Oreo(Android O)	8.0	2017年8月22日	API level 26
Oreo(Android O)	8.1	2017年12月5日	API level 27
Pie (Android P)	9.0	2018年8月7日	API level 28

1.1.2　Android系统的特性

Android是一个包括操作系统、中间件、用户界面和关键应用软件的移动设备软件堆，是基于Java并运行在Linux内核上的轻量级操作系统，其功能全面，包括一系列谷歌公司在其上内置的应用软件，如电话、短信等基本应用功能。

随着科技的发展，移动电话(Mobile Phone)一直朝着智能化的方向发展，并逐步成为多种工具的功能载体，而Android就是这样一个智能手机的平台、一个多种工具的功能载体。Android系统的特性如下：

(1) 拥有完善的应用程序框架，支持四大应用组件(Activity、Service、ContentProvider、BroadcastReceiver)，可以在任意层次上进行复用和更换。

(2) 支持Java语言开发，Android中的Java字节码运行在Dalvik虚拟机中。传统的JVM是基于堆栈的，而Dalvik虚拟机是基于寄存器的，因此，在Dalvik虚拟机上运行的Java程序要比在传统的JVM上运行的Java程序速度快。

(3) 内置了以WebKit为核心的浏览器，支持HTML5等新的Web标准。

(4) 支持OpenGL ES 2.0，如果手机中带有硬件加速器，则3D图形的渲染会更加流畅。

(5) 支持轻量级数据库SQLite。

(6) 支持众多的硬件传感器(如方向传感器、重力传感器、光学传感器、压力传感器等)和其他的一些硬件，如蓝牙、3G、WiFi、Camera、GPS等。

(7) 支持创新的信息展现方式，如Toast、Notification等。

(8) 是一种源码开放的移动操作系统，研发成本低。

1.1.3　Android系统的体系结构

Android系统的本质就是在标准的Linux系统上增加了Dalvik虚拟机，并在Dalvik虚拟机上搭建了支持Java语言、Kotlin语言的应用程序框架，所有的应用程序都基于这个应用程序框架。

Android系统主要应用于ARM平台，但不仅限于ARM，通过编译控制，Android应用程序在X86、MAC等体系结构的机器上同样可以运行。Android系统分为四个层，从高层到低层分别是应用程序层、应用程序框架层、系统运行库层和 Linux 核心层，如图 1-1 所示。

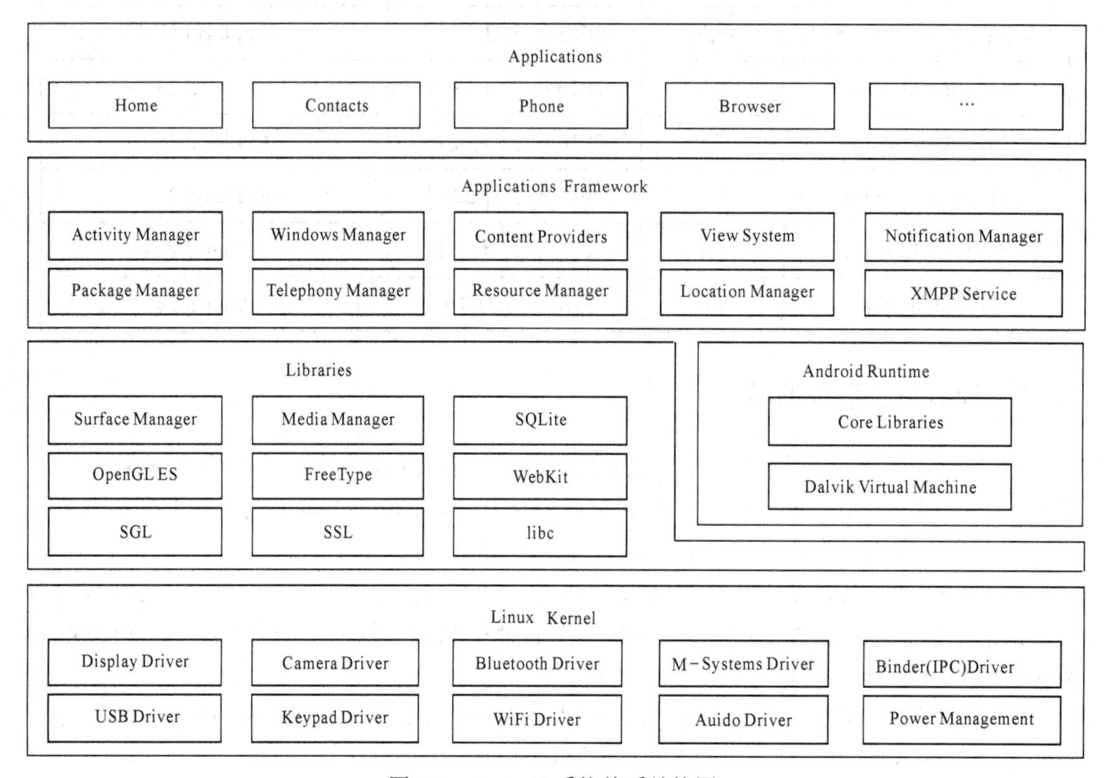

图 1-1　Android 系统体系结构图

1. 应用程序层(Applications)

所有的应用程序都是使用 Java 语言或 Kotlin 语言编写的，每一个应用程序由一个或者多个活动组成，活动必须以 Activity 类为父类，活动与操作系统上的进程相似，但是活动比操作系统的进程要更为灵活。

2. 应用程序框架层(Applications Framework)

应用程序的体系结构旨在简化组件的重用，任何应用程序都能发布它的功能且任何其他应用程序都可以使用这些功能(需要服从框架执行的安全限制)，从而可以帮助程序员快速地开发程序，并且应用程序的重用机制允许开发者方便地替换程序组件。

3. 系统运行库层(Libraries & Android Runtime)

1) 类库(Libraries)

Android 系统包含一些 C/C++库，这些库能被 Android 系统中不同的组件使用。它们通过 Android 系统应用程序框架为开发者提供服务，主要包括基本的 C 库、多媒体库、位图和矢量字体库、2D 和 3D 图形引擎库、浏览器库、数据库等。

另外还有一个硬件抽象层，其实 Android 系统并非将所有的设备驱动都放在 Linux 内核里，有一部分是放在用户空间，这样做的主要原因是可以避开 Linux 所遵循的 GPL 协议。一般情况下，如果要将 Android 系统移植到其他硬件环境中运行，只需要实现这部分代码即可。

2) Android 运行库(Android Runtime)

Android 系统运行在 Dalvik 虚拟机中，Dalvik 虚拟机依赖于 Linux 内核的一些功能，比如线程机制和底层内存管理机制，同时 Dalvik 虚拟机基于寄存器，并采用高效的 Byte Code 格式运行，它能够在低消耗和没有干扰的情况下并行执行多个应用，每一个 Android 应用程序都在它自己的进程中运行，都拥有一个独立的 Dalvik 虚拟机实例，Dalvik 虚拟机中的可执行文件为“.dex”文件，该格式文件针对小内存使用做了优化。

4. Linux 核心层(Linux Kernel)

Android 系统依赖于 Linux 2.6 内核提供的核心系统服务，例如安全管理、内存管理、进程管理、网络管理等方面的系统服务。内核作为一个抽象层，存在于硬件层和软件层之间，并且 Android 系统对 Linux 内核做了增强，如硬件时钟、内存分配与共享、电源管理等。

1.2　开发环境的搭建

对于程序开发来说，工欲善其事，必先利其器，所以选择一个好的 IDE 开发工具会节省大量的开发时间，本书将以 Android Studio 作为主要开发工具。

1.2.1　开发工具

开发 Android 应用程序需要以下基本工具：

(1) JDK。JDK 是 Java 语言的软件开发工具包，可用于移动设备或嵌入式设备上的 Java 应用程序。JDK 是整个 Java 开发的核心，它包含了 Java 的运行环境、Java 工具和 Java 基础的类库，其下载地址为“http://jdk.android-studio.org”或 Oracle 官网。

(2) Android SDK(Software Development Kit)。Android SDK 是 Google 提供的 Android 开发工具包，在开发 Android 程序时，需要通过引入该工具包来使用 Android 相关的 API，其下载地址为“https://android-sdk.en.softonic.com/”，也可以通过 Android Studio 集成化开发环境进行安装。

(3) Android Studio。Android Studio 是一个 Android 集成化开发工具，基于 IntelliJ IDEA，类似 Eclipse ADT，Android Studio 提供了集成的 Android 开发环境，用于开发和调试 Android 程序，其下载地址为“https://developer.android.google.cn/studio”。

1.2.2　开发环境的搭建

读者需根据自己计算机的配置及操作系统的类型下载相应的工具，下载之后需逐步安装，需要先安装 JDK，再安装 Android Studio(在本书中，不独立安装 Android SDK)。

1. JDK 的安装

下载 JDK 安装包后，双击运行安装文件，安装步骤如图 1-2～图 1-7 所示。

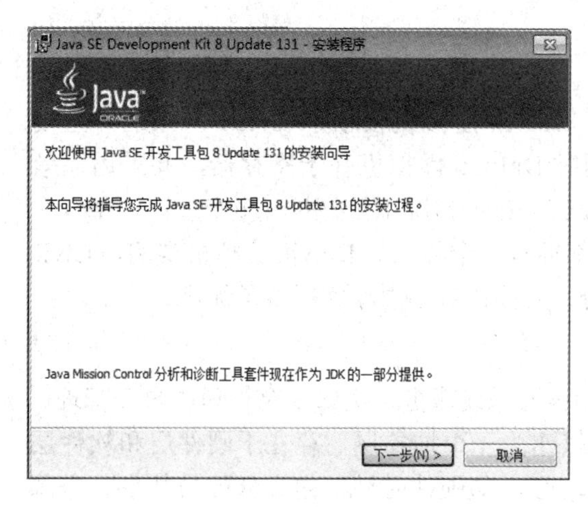

图 1-2　运行 JDK 1.8 安装程序

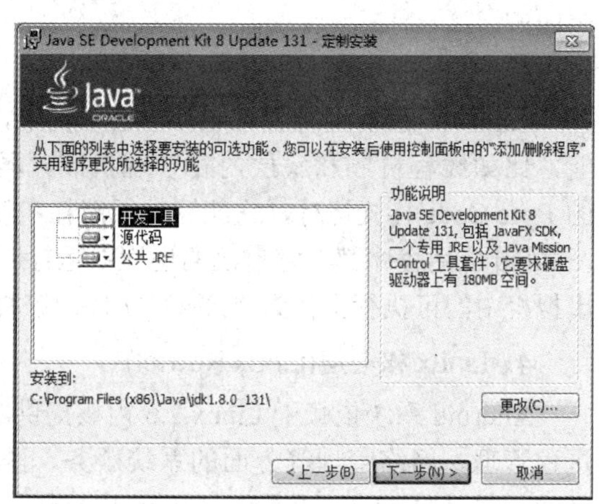

图 1-3　选择 JDK 的安装路径

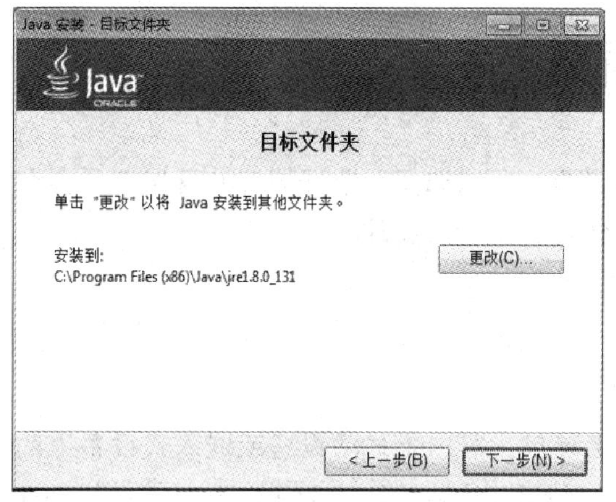

图 1-4　选择 JRE 的安装路径

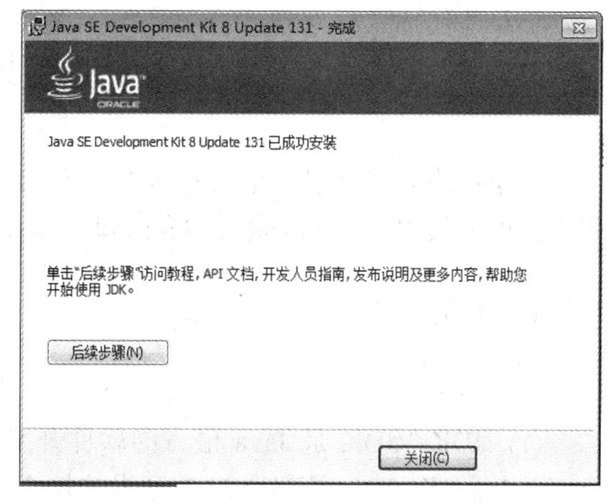

图 1-5　完成 JDK 和 JRE 的安装

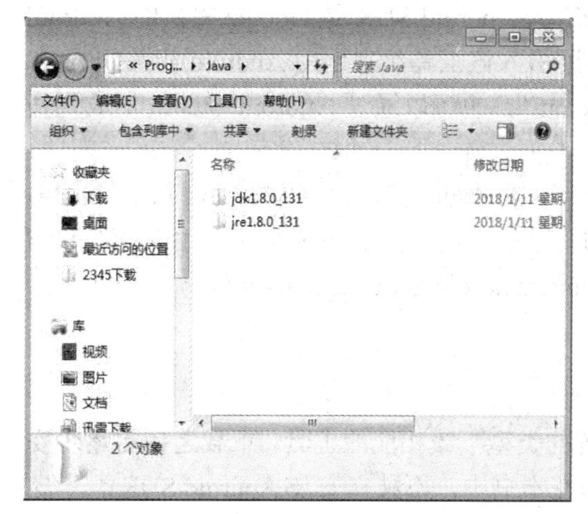

图 1-6　安装后的 Java 文件夹下的内容

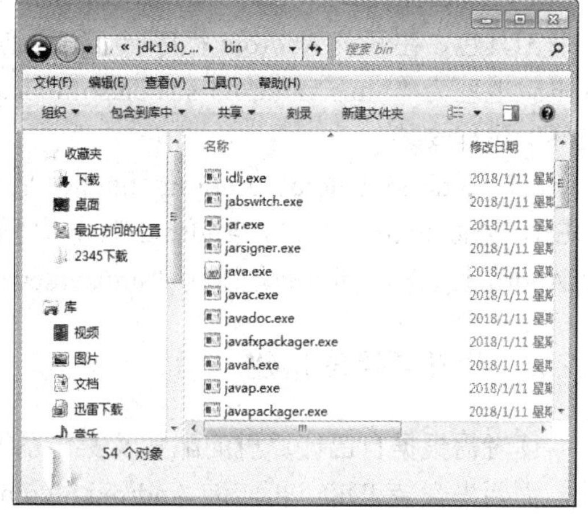

图 1-7　安装 JDK 后 bin 目录下的常用命令

在 JDK 安装过程中，读者可以指定安装路径，也可以使用系统默认的路径。

2. Android Studio 的安装

下载 Android Studio 安装包后，双击运行安装文件，安装步骤如图 1-8～图 1-13 所示。

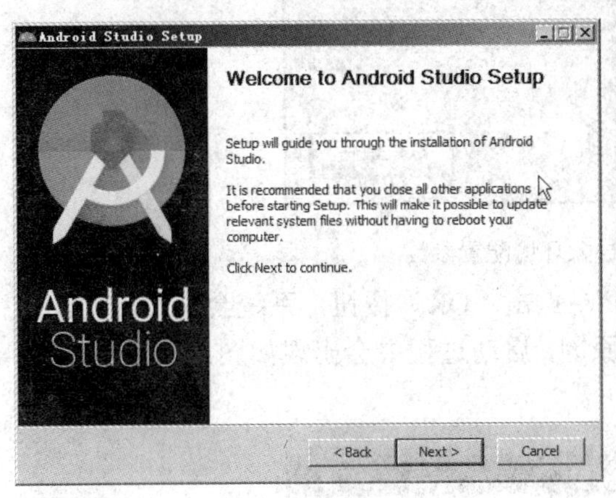

图 1-8　欢迎页面

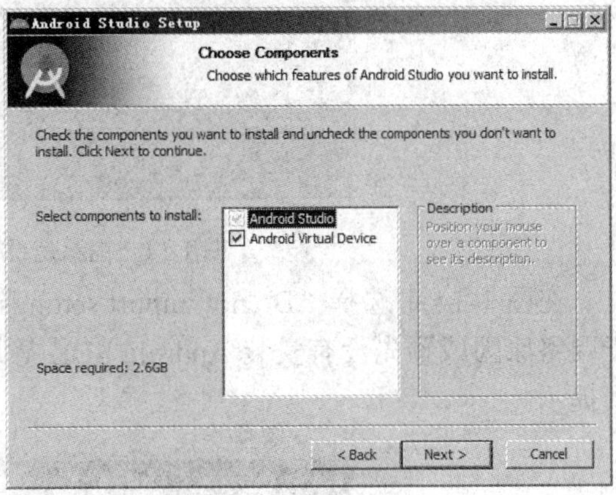

图 1-9　选择安装组件

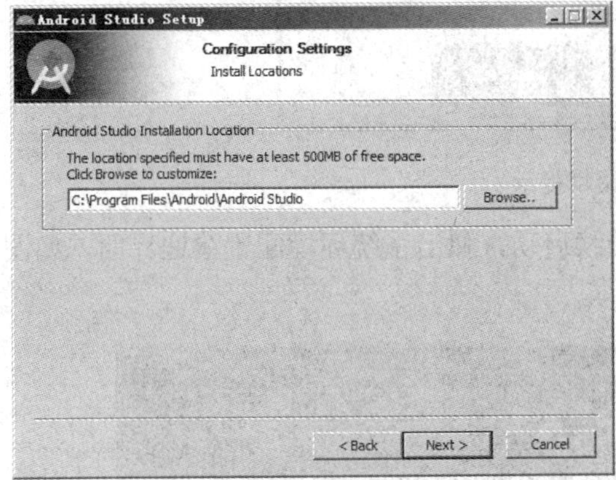

图 1-10　选择安装路径

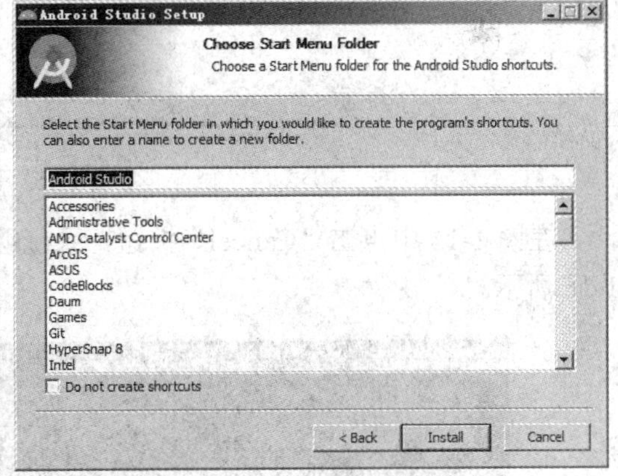

图 1-11　开始菜单配置

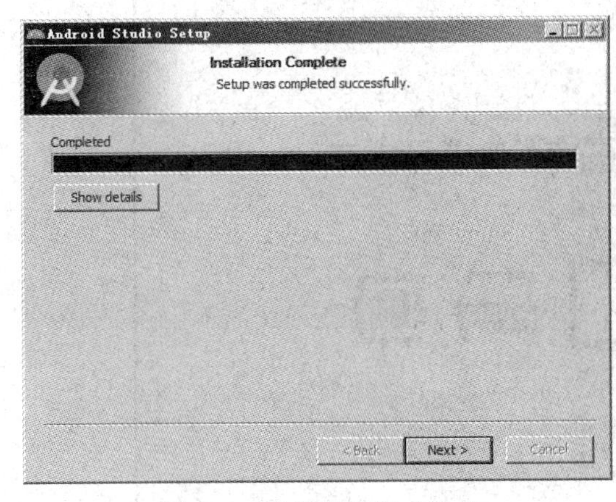

图 1-12　安装进度完成提示

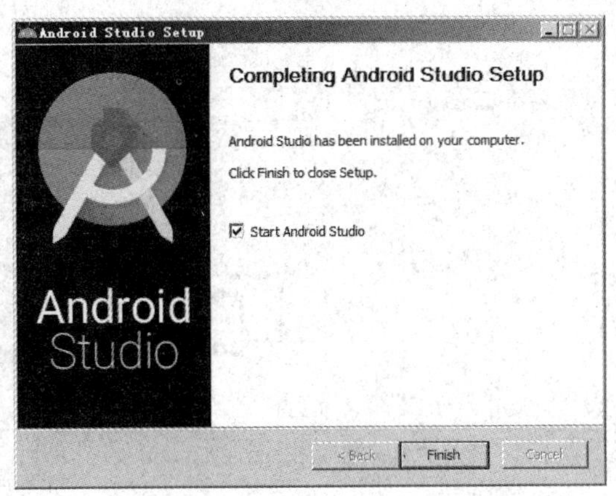

图 1-13　安装完成提示

安装完成后，第一次打开 Android Studio 开发环境时，需要配置相关参数。如图 1-14 所示，可以根据实际情况选择。

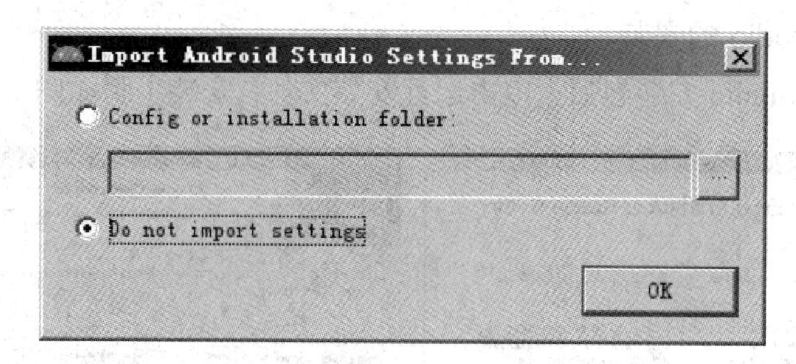

图 1-14　提示是否导入环境配置参数

在图 1-14 中选择“Do not import settings”，点击“OK”按钮，系统会继续启动。由于网络原因或预先没有安装 Android SDK 等原因，启动过程中会出现如图 1-15 所示的错误提示。

图 1-15　错误提示

在图 1-15 中点击“Cancel”按钮，系统继续启动，弹出系统环境配置欢迎界面，如图 1-16 所示。

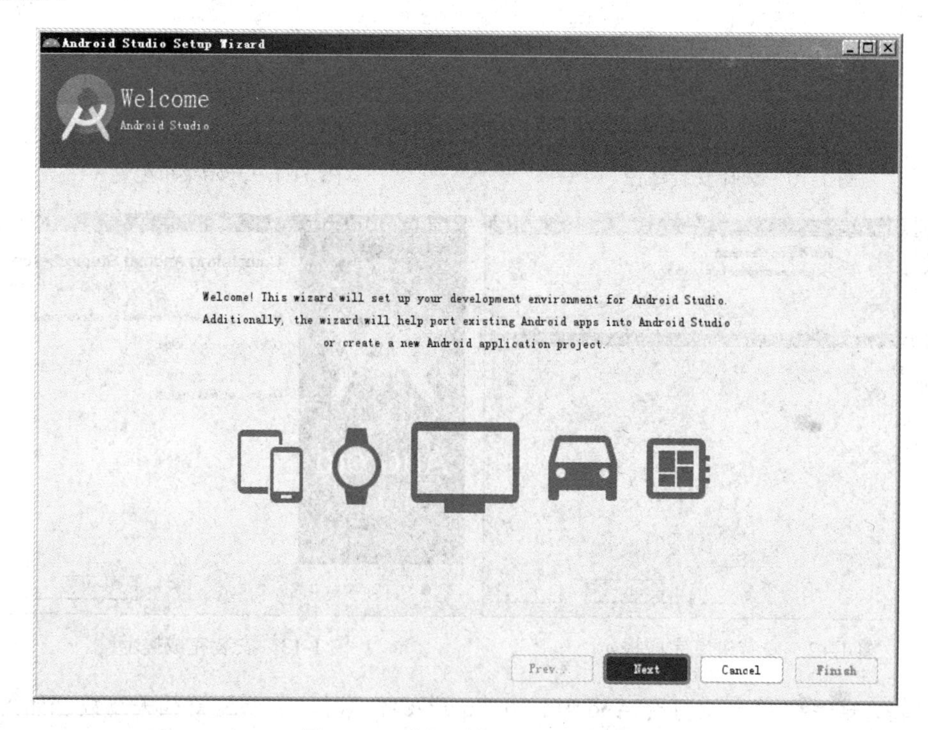

图 1-16　系统环境配置欢迎界面

在图 1-16 中点击“Next”按钮，进入系统安装类型配置界面，如图 1-17 所示。

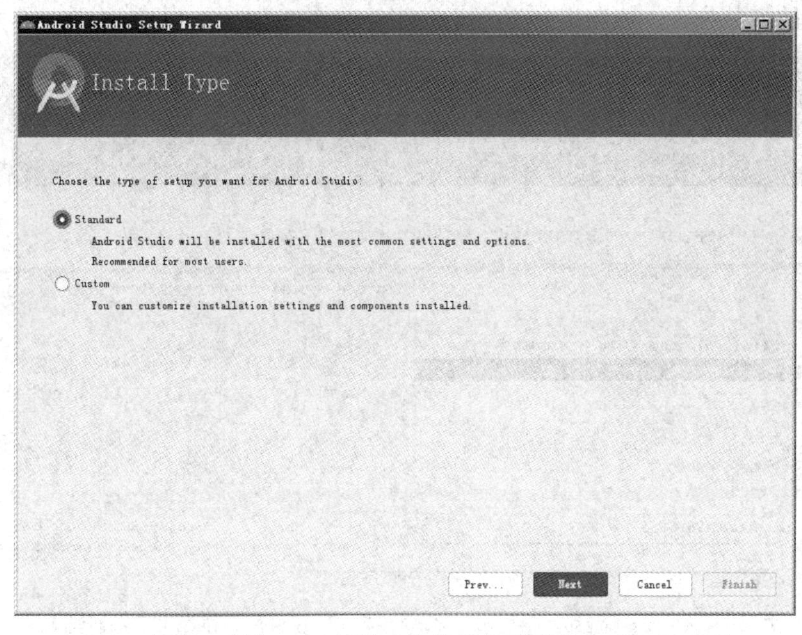

图 1-17　系统安装类型配置界面

在图 1-17 中可以选择标准(Standard)类型或自定义(Custom)类型，这里选择标准(Standard)类型，然后点击“Next”按钮。点击“Next”按钮后，会弹出系统界面风格选择界面，如图 1-18 所示，可以根据个人的喜好选择，这里选择“Light”。

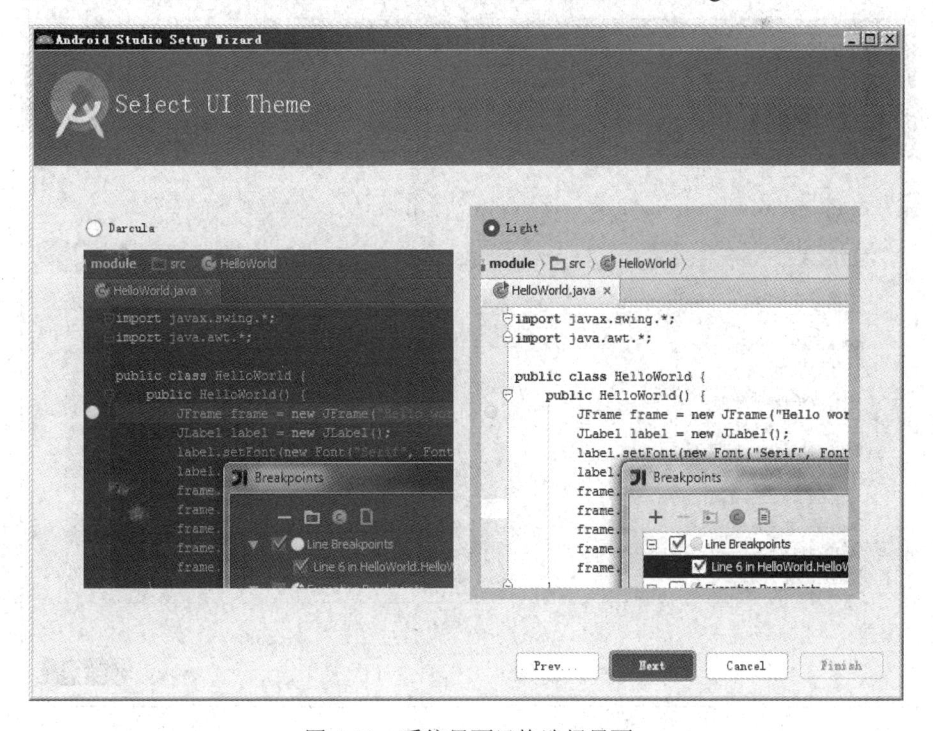

图 1-18　系统界面风格选择界面

在图 1-18 中点击“Next”按钮，进入组件配置界面。在该界面中建议选择全部组件，并指定组件的安装位置，如图 1-19 所示。

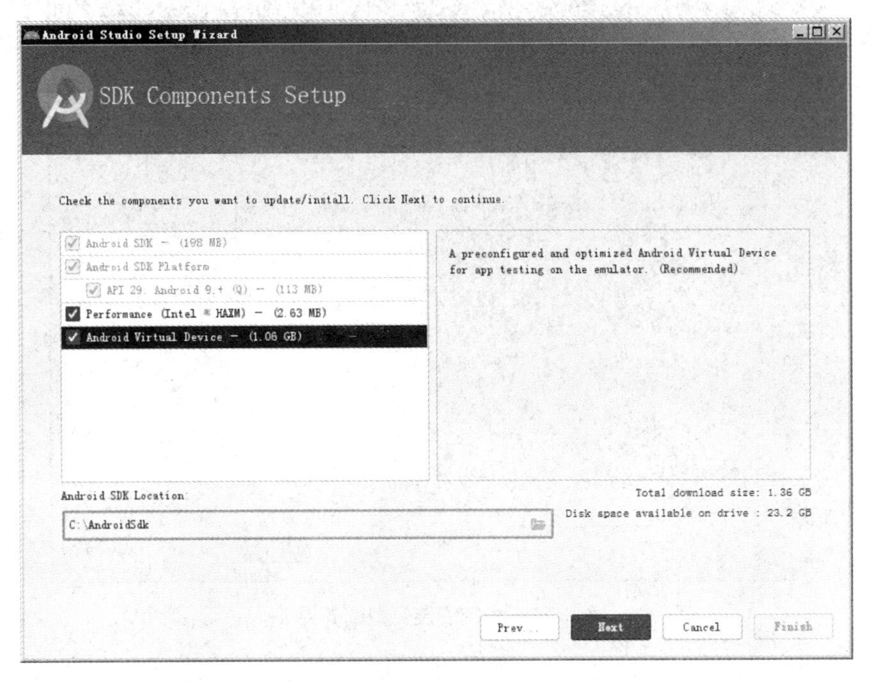

图 1-19　组件配置界面

在图 1-19 中点击“Next”按钮，弹出配置参数确认界面，如图 1-20 所示。

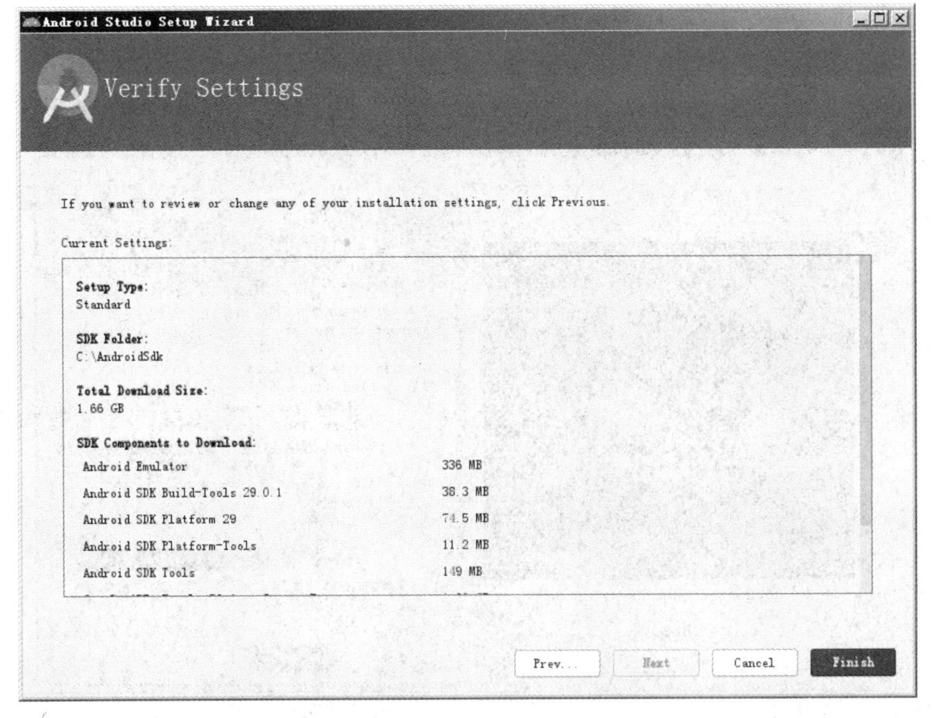

图 1-20　配置参数确认界面

在图 1-20 中点击“Finish”后，系统会根据配置参数配置环境，并下载相关组件，如图 1-21 所示。这个过程根据网络情况，需要等待一定的时间。

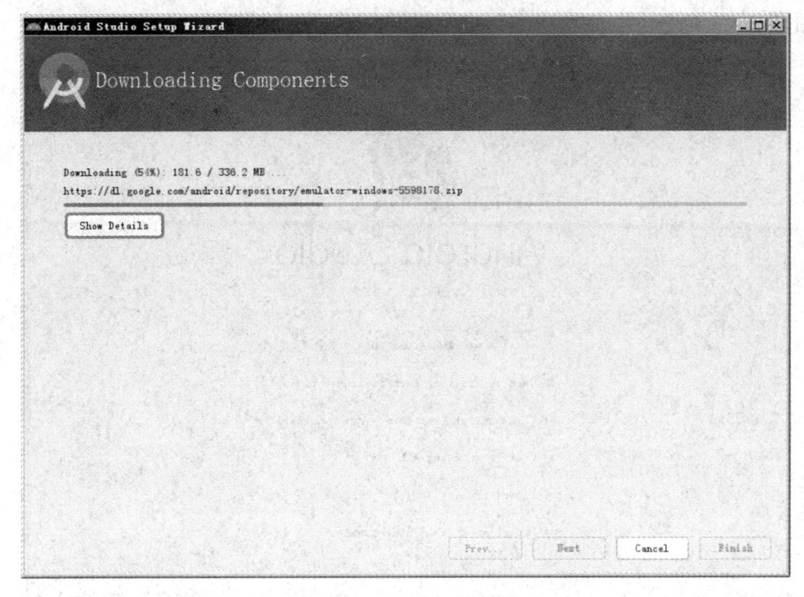

图 1-21　下载相关组件

下载结束后，即完成了开发环境的配置，弹出如图 1-22 所示的系统欢迎界面。

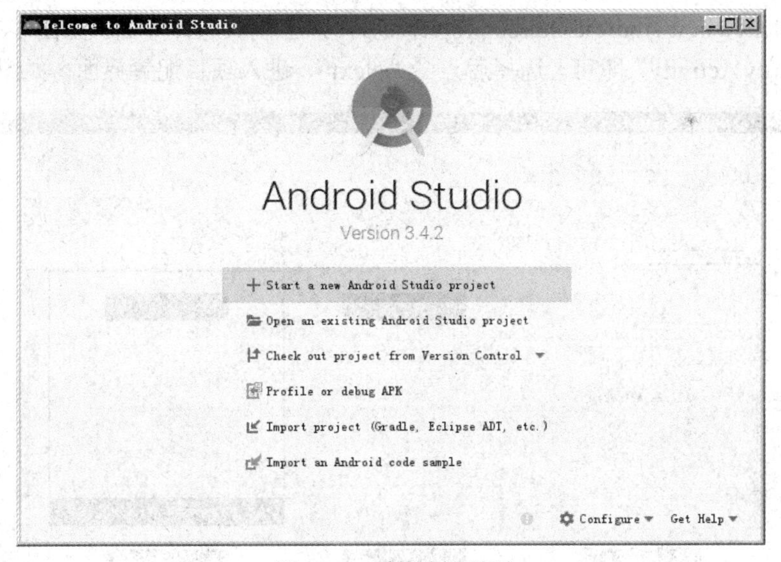

图 1-22　系统欢迎界面

1.3　Android 项目的创建

1.3.1　创建项目

在学习其他语言的过程中创建的第一个项目，一般都是“Hello World”项目，在学习

Android 时也延续这一传统。

打开 Android Studio 集成开发环境，在系统欢迎界面选择“Start a new Android Studio project”，如图 1-23 所示。

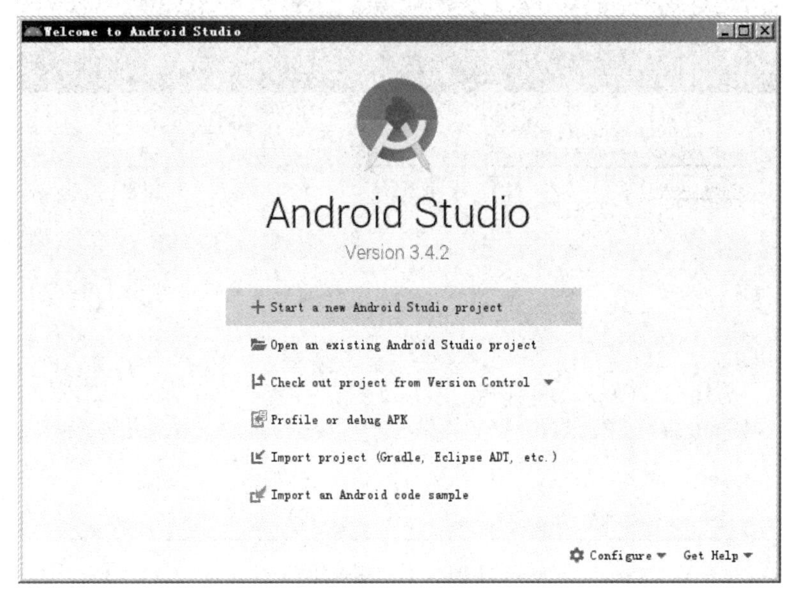

图 1-23　选择创建项目

点击“Start a new Android Studio project”后，弹出模板选择界面，如图 1-24 所示，这里选择“Empty Activity”即可。选择后点击“Next”，进入项目配置界面，如图 1-25 所示。

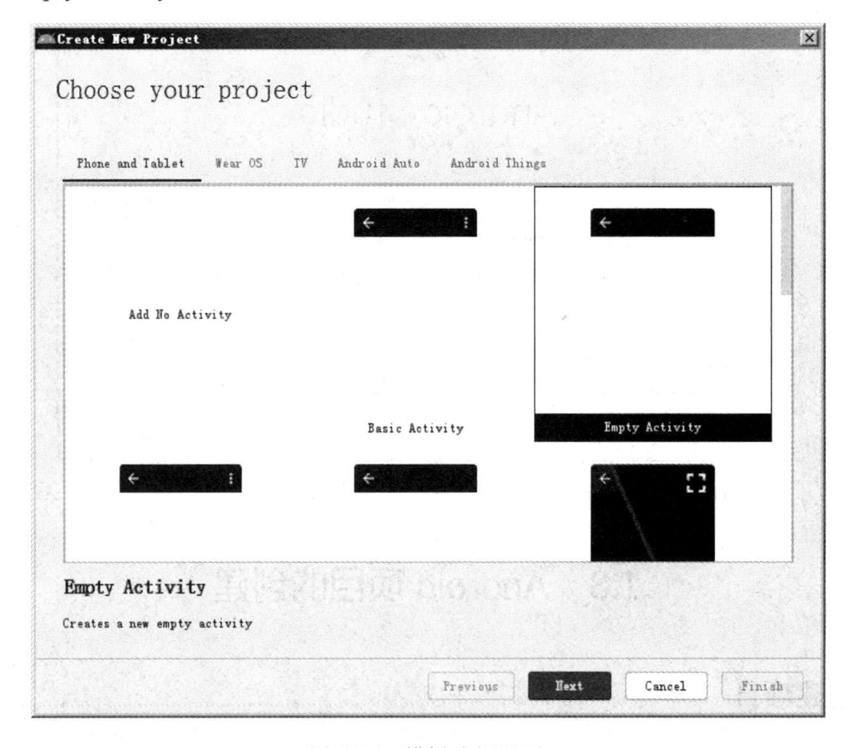

图 1-24　模板选择界面

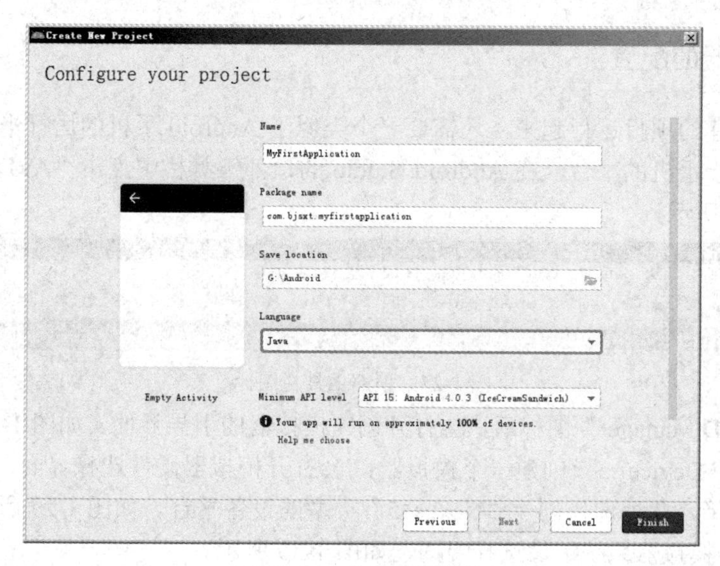

图 1-25　项目配置界面

在图 1-25 所示的项目配置界面中需要配置项目名称、项目包名称、项目存放位置、语言、最小兼容版本等。这里需要注意的是，选择“Java”语言，最小兼容版本选择默认即可，其余配置项如表 1-2 所示。配置完毕后，点击“Finish”按钮完成配置。

表 1-2　项目配置信息

选项	值	说　明
Name	MyFirstApplication	项目名称
Package name	com.bjsxt.myfirstapplication	项目包名称
Save location	G:\Android	项目存放位置

点击“Finish”按钮后，稍等一会儿，就会看到 Android Studio 中已经创建了一个新的项目。这样，一个项目就已经完全创建成功了，如图 1-26 所示。

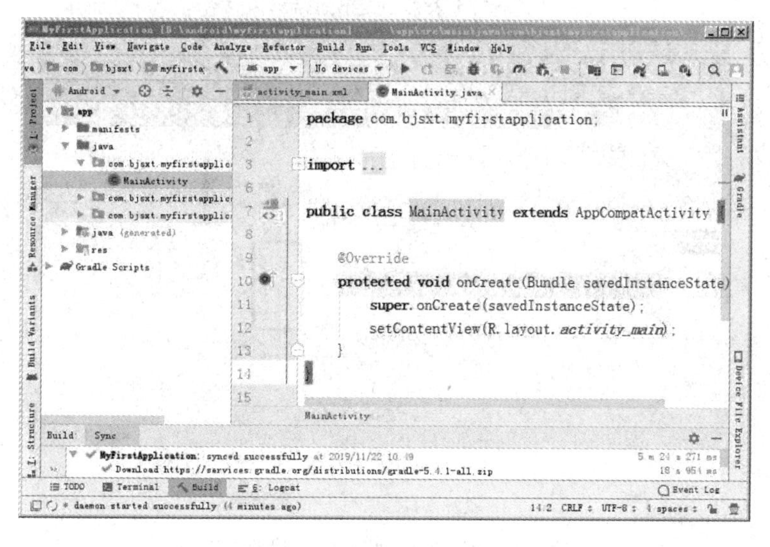

图 1-26　项目创建成功

1.3.2　模拟器的配置

要想将创建的项目运行起来，还需要一个类似于 Android 手机的运行平台。这里需要模拟一个类似于手机的平台，在 Android Studio 的顶部工具栏中点击“AVD Manager”图标，如图 1-27 所示。

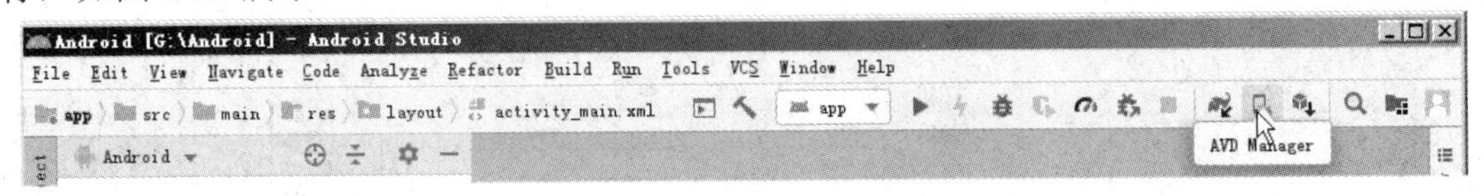

图 1-27　顶部工具栏图标

点击“AVD Manager”图标后，会打开创建模拟器的引导界面，如图 1-28 所示。点击“Create Virtual Device…”(创建一个模拟器)，会打开模拟器硬件选择界面，这里有很多设备类型可以选择，此处选择创建“Nexus 5”类型的设备平台，如图 1-29 所示。之后点击“Next”，打开模拟器系统镜像选择界面，如图 1-30 所示。

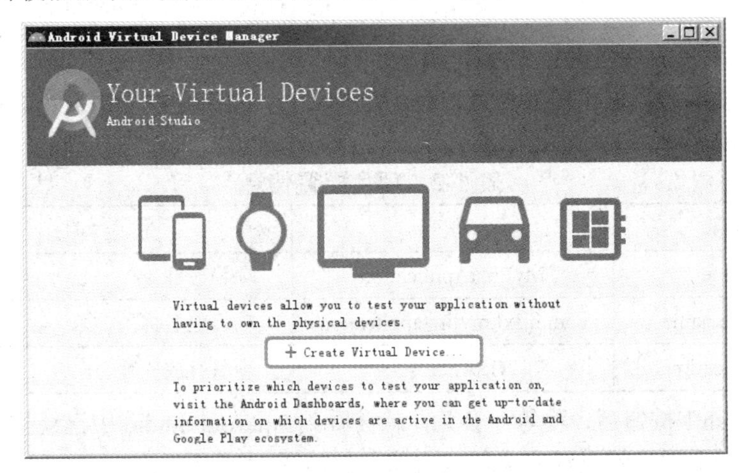

图 1-28　创建模拟器

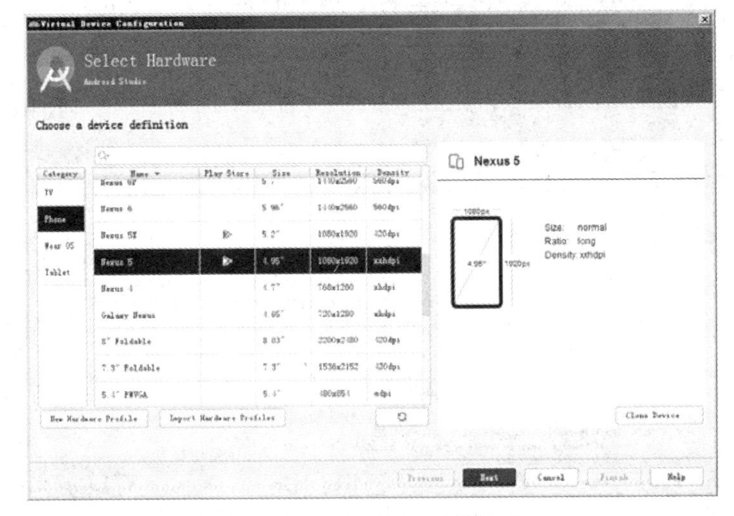

图 1-29　选择要创建的模拟器

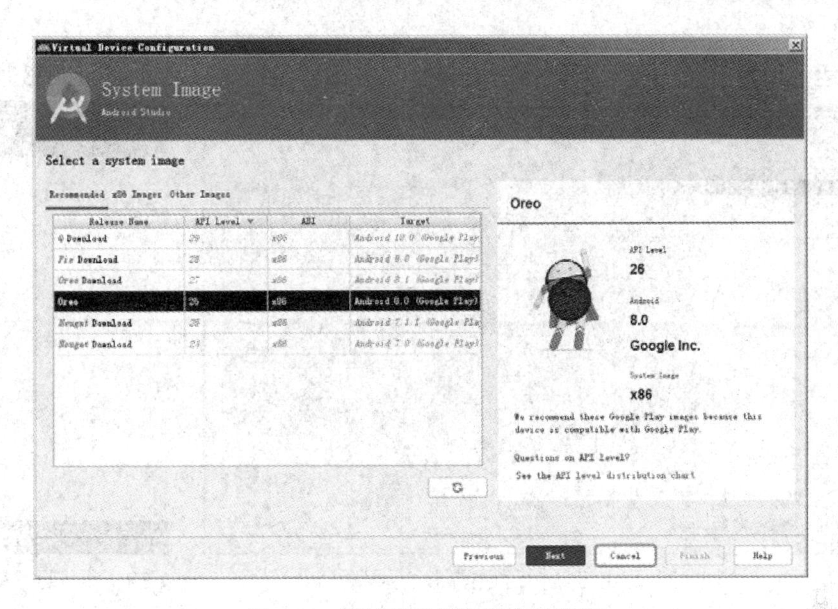

图 1-30　模拟器系统镜像选择界面

在图 1-30 所示的模拟器系统镜像选择界面中，可以选择模拟器装载的 Android 系统版本，这里选择最新版本“Android 9.+”，选择后点击“Next”按钮，系统会下载选择的系统镜像。下载完成后，会打开模拟器配置确认界面，如图 1-31 所示。在该界面中展示了前期所配置的参数，其中“AVD Name”可以根据自己的喜好重新命名，点击“Finish”按钮完成模拟器的配置。

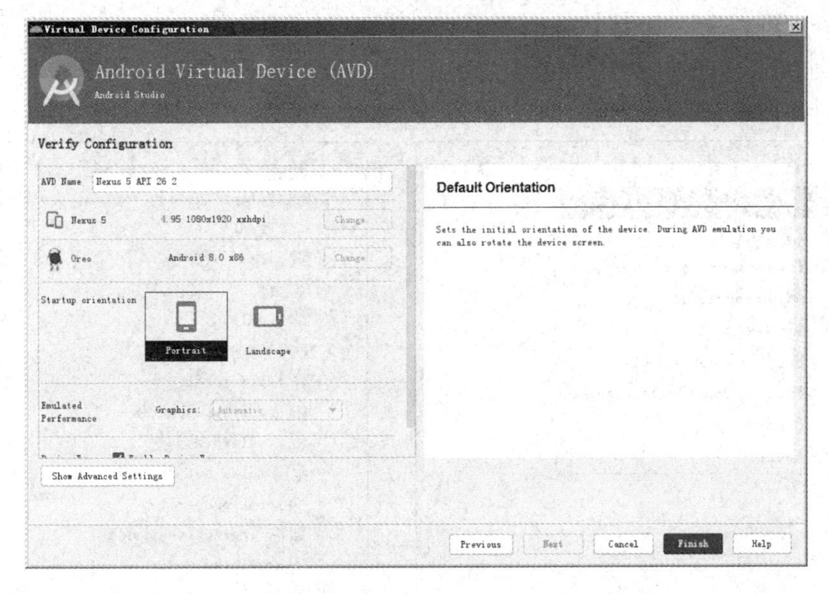

图 1-31　模拟器配置确认界面

1.3.3　运行项目

项目创建和模拟器配置完成后，即可运行项目。点击工具栏中的运行按钮程序，如图

1-32 所示。

程序运行后，等待一段时间就会看到模拟器装载并运行了项目，如图 1-33 所示。

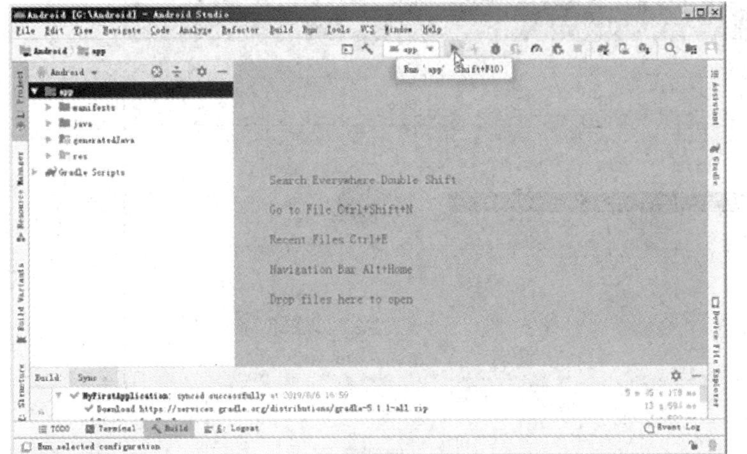

图 1-32　点击工具栏运行按钮运行程序

图 1-33　项目运行效果

1.4　Android 项目的结构

Android Studio 默认使用 Android 模式的项目结构，这种结构简单、明了，适合快速开发，但这并不是真实的项目结构。为了使读者能够深入理解 Android 项目的结构，需要将项目结构切换到 Project 模式下。点击项目资源管理器上方的“Android”选项，打开下拉列表，选择“Project”，如图 1-34 所示。

切换到 Project 模式后项目结构发生了变化，出现了许多在 Android 模式下没有的文件或文件夹，如图 1-35 所示。

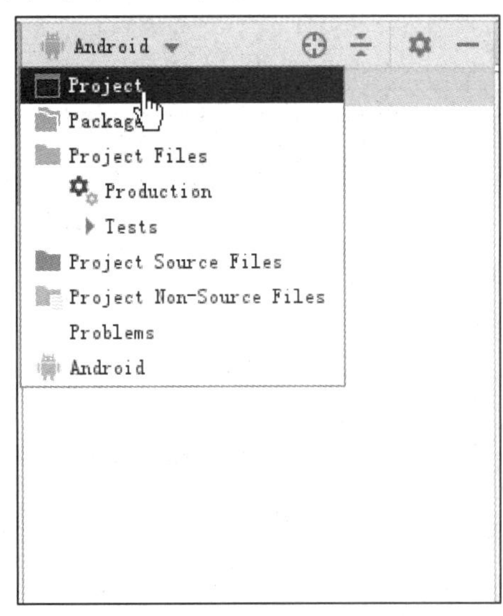

图 1-34　切换到 Project 模式

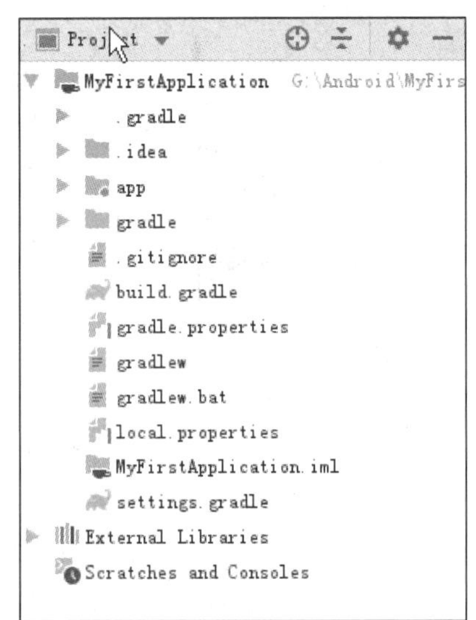

图 1-35　Project 模式下的项目结构

Project 模式下各个文件、文件夹的作用如下：

◆ .gradle 和 .idea：这两个文件夹由 Android Studio 自动生成，开发者不用关注，并且不要修改。

◆ app：该文件夹中存放了项目中的 java 代码以及布局文件资源等。

◆ gradle：该文件夹里面有次级目录 wrapper，这个目录中包含了 gradle wrapper 配置需要的文件。

◆ .gitignore：该文件夹用于存放在 git 版本控制中非指定的文件或目录的配置文件。

◆ build.gradle：该文件为全局 gradle 构建的脚本，针对插件配置有可能需要修改该文件。

◆ gradle.properties：该文件为全局 gradle 的配置文件。

◆ gradlew：在命令提示符中指定 gradle 命令的文件，在 Linux 下使用。

◆ gradlew.bat：在命令提示符中指定 gradle 命令的文件，在 Window 下使用。

◆ local.properties：该文件指定了电脑中 sdk 的存放路径。

◆ settings.gradle：每一个项目中包含的模块都会在该文件中声明，如果在项目中创建一个新的模块，都会自动在该文件中生成配置，所以一般不用修改。

在程序设计中，开发者一般最为关注的是 app 这个文件夹，该文件夹下的内容是程序设计的重点。app 文件夹的目录结构如图 1-36 所示。

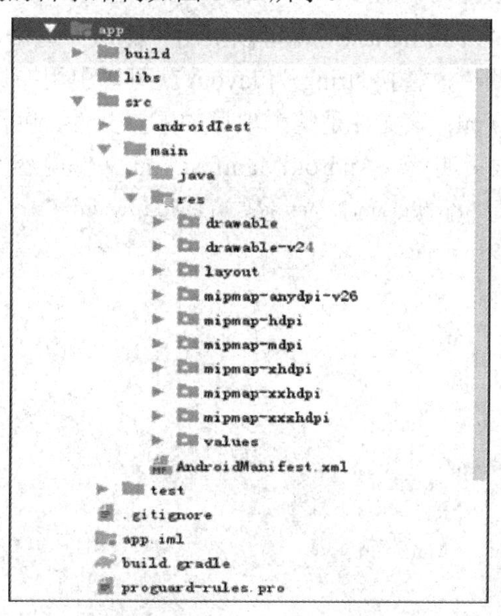

图 1-36　app 文件夹的目录结构

app 文件夹下各文件、文件夹的作用如下：

◆ build：该文件夹和项目最外层的 build 文件夹一致，也是由系统自动生成的。

◆ libs：该文件夹包含项目中使用的第三方的 jar 文件，在该路径下的文件会自动构建到项目中。

◆ test：如果需要针对项目进行自动化测试，则在该文件夹中可以编写测试用例。

◆ java：这是 java 文件放置的地方，通常需要在该文件夹下创建包，在包中创建类，是开发者主要操作的目录之一。

◆ res：该文件夹下的内容比较多，在该文件夹下包含了项目中使用到的图片、字符串、布局、样式等资源。

◆ drawable：该文件夹位于 res 文件夹下，存放项目中的图片。

◆ layout：该文件夹位于 res 文件夹下，存放项目中的布局文件。

◆ mipmap：该文件夹位于 res 文件夹下，一般都是用于存放图标文件的。mipmap 下的文件夹有很多，如 -hdpi、-mdpi、-xhdpi 等，这是因为 Android 机型较多，对应的分辨率随之也很多，所以为了更好地适配显示图标，根据分辨率的不同，文件存放在不同的目录下。

◆ values：该文件夹位于 res 文件夹下，包含了项目中使用到的颜色、尺寸、字符串、样式等资源，默认包含三个文件：colors.xml(颜色引用文件)、strings.xml(字符串引用文件)、styles.xml(样式引用文件)。以字符串引用文件为例，strings.xml 文件内容如下：

```
<resources>
<string name="app_name">My Application</string>
</resources>
```

如果是在 xml 文件中使用，可以通过“@string/app_name”来获取该字符串的引用。

如果是在 java 文件中使用，可以通过“R.string. app_name”来获取该字符串的引用。

如果需要添加新的字符串，只需要替换 name 属性以及对应的引用内容即可，例如：

```
    <string name="test">测试</string>
```

在 xml 文件中使用“@string/test”就可以引用“测试”这个字符串，同理替换 string 为 drawable 就可以引用图片，替换 string 为 layout 就可以引用布局。

◆ AndroidManifest.xml：该文件是整个项目的配置文件，包含了整个项目中需要用到的四大组件的配置、权限声明等。AndroidManifest.xml 文件内容如下：

```
<manifest xmlns:android="http://schemas.android.com/apk/res/android"
package="com.bjsxt.myfirstapplication">
<application
    android:allowBackup="true"
    android:icon="@mipmap/ic_launcher"
    android:label="@string/app_name"
    android:supportsRtl="true"
    android:theme="@style/AppTheme">
    <activity android:name=".MainActivity">
      <intent-filter>
        <action android:name="android.intent.action.MAIN" />
        <category android:name="android.intent.category.LAUNCHER" />
      </intent-filter>
    </activity>
</application>
</manifest>
```

该文件是一个 xml 文件，包含一个 manifest 节点标签，在该标签的内部包含了项目的主包名，即 package="com.bjsxt.myfirstapplication"，在该标签内使用的标签 application 中包含了：应用程序的图标、应用程序的名称、应用程序中使用的主题等要素，同样也包含了后续用到的四大组件的声明与注册，如 Activity 的注册，注册方式如下：

```
<activity android:name=".MainActivity">
    <intent-filter>
        <action android:name="android.intent.action.MAIN" />
        <category android:name="android.intent.category.LAUNCHER" />
    </intent-filter>
</activity>
```

1.5　日志工具 Log 的使用

Log 类是 Android 提供的用来输出日志的工具类，在程序设计中，日志输出极为重要，它是调试应用程序最常见的方式，日志可以清楚地展现出应用程序的运行状态。Log 类提供了五种方法供开发人员使用，如表 1-3 所示。

表 1-3　Log 类的方法

方 法 名	级 别	说　明
v()	verbose	显示全部信息
d()	debug	显示调试信息
i()	info	显示一般信息
w()	warn	显示警告信息
e()	error	显示错误信息

Log 类的五种方法分别有不同的重载，使用时可以查阅相关 API。每一种方法的响应级别不同，级别越低打印的日志越多，级别越高打印的日志越少，各级别的高低如图 1-37 所示。

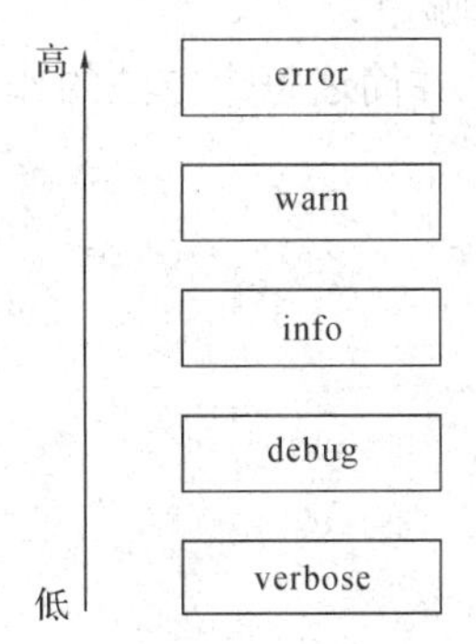

图 1-37　Log 类方法级别高低示意

Log 类使用较为简单，如在项目的 OnCreate()方法中加入了 Log. d()方法，可用于测试 OnCreate()方法是否被执行。其代码如下：

```
protected void onCreate(Bundle savedInstanceState) {
    super.onCreate(savedInstanceState);
    setContentView(R.layout.activity_main);
```

```
    Log.d("MainActivity", "onCreate execute");
}
```

Log.d()方法中的第一个参数传入日志输出的标识，第二个参数传入要输出的信息。

重新运行项目后，在 Android Studio 底部点击“Logcat”标签，即可查看日志输出，如图 1-38 所示。

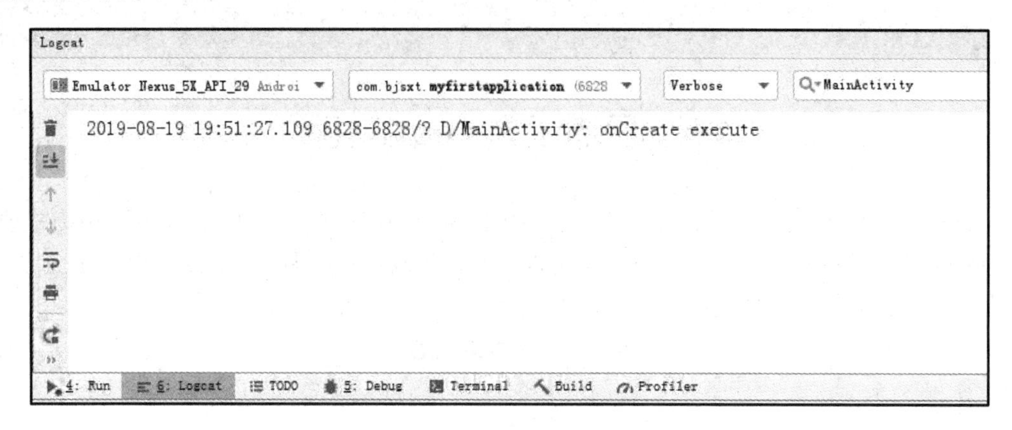

图 1-38　日志输出结果

在开发中灵活运用 Log 日志工具，可以快速地调试、优化程序。如在真机中调试，可能会遇到 Log 日志无输出的情况，这是由于真机出于安全考虑，关闭了调试功能，这时需要打开“开发者模式”下的调试功能。

习　题

1. 简述搭建 Android 开发环境的一般步骤。
2. Android 项目的配置文件是哪个？
3. Log 日志工具有哪些方法？并简述每个方法的作用。

第 2 章　Activity 组件

Activity 是 Android 程序与用户进行交互的最基本的组件，字面翻译为“活动”。本质上说，Activity 就是 Android 应用程序的一屏或一页。本章主要讲解 Activity 的生命周期、Activity 的起死回生、Activity 之间的切换以及 Activity 的启动模式等。

2.1　Activity 简介

Activity 主要用来控制程序界面并与用户进行交互。在应用程序中，一个 Activity 通常就是一个单独的界面，一个 Activity 就是用户所能看到的一屏。Activity 主要用于处理应用程序的整体性工作，例如监听系统事件、显示界面、启动其他 Activity 等。所有的 Activity 都继承于 Activity 类，该类是 Android 提供的一个基类。

使用 Activity 的一般步骤如下：

(1) 继承 android.app 包中的 Activity 类。

(2) 实现父类中的 onCreate()方法，该方法将在 Activity 被创建时自动调用。

(3) 调用 setContentView()来设置显示的内容视图。

(4) 在项目配置文件 AndroidManifest.xml 中注册。

2.2　创建 Activity

任何一个有实际应用的 Android 应用程序至少应包含一个 Activity，在第 1 章的项目中我们并没有创建 Activity，其实是系统帮我们创建了。下面我们手动创建一个 Activity，以加深对 Activity 的理解。

创建一个 Android 项目，选择“Add No Activity”，如图 2-1 所示，点击“Next”进入项目配置界面，项目名称设置为 Demo2_1，Language 设置为 Java，读者可根据实际情况设置其他配置项，如图 2-2 所示，相关参数配置完成后点击“Finish”，完成项目的创建。

项目创建成功后，“com.bjsxt.demo2_1”包下没有任何文件，鼠标右击“com.bjsxt.demo2_1”，依次选择【New】→【Activity】→【Empty Activity】后，弹出 Activity 的配置界面，如图 2-3 所示。

Create New Project

Choose your project

Phone and Tablet　Wear OS　TV　Android Auto　Android Things

Add No Activity

Basic Activity

Empty Activity

Add No Activity

Creates a new empty project

Previous　Next　Cancel　Finish

图 2-1　选择项目类型

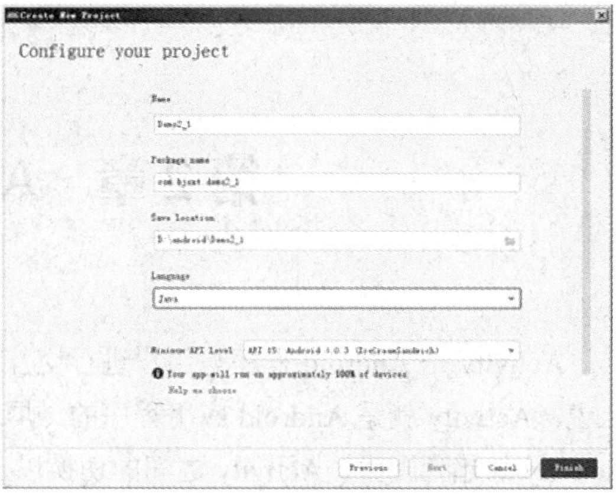

Create New Project

Configure your project

Name

Demo2_1

Package name

com.bjsxt.demo2_1

Save location

D:\android\Demo2_1

Language

Java

Minimum API level　API 15: Android 4.0.3 (IceCreamSandwich)

Your app will run on approximately 100% of devices.

Help me choose

Previous　Next　Cancel　Finish

图 2-2　项目配置界面

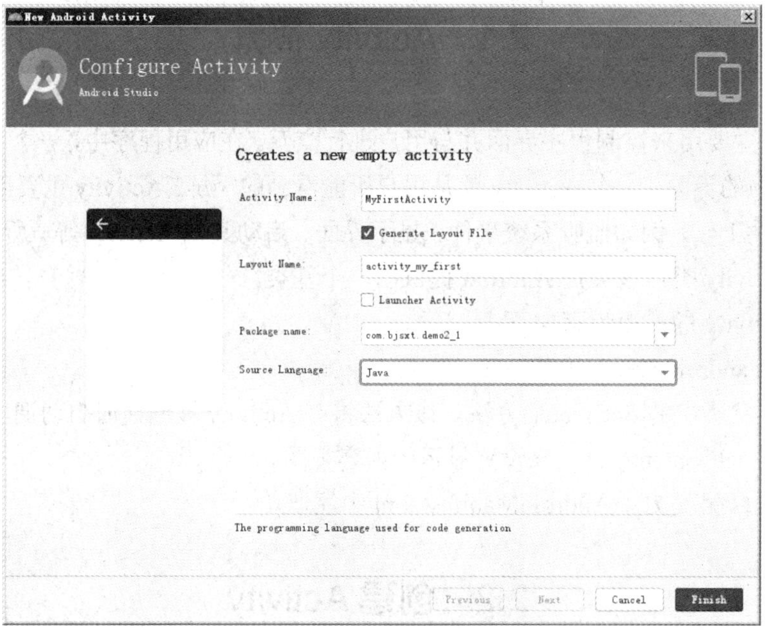

New Android Activity

Configure Activity

Android Studio

Creates a new empty activity

Activity Name:　MyFirstActivity

Generate Layout File

Layout Name:　activity_my_first

Launcher Activity

Package name:　com.bjsxt.demo2_1

Source Language:　Java

The programming language used for code generation

Previous　Next　Cancel　Finish

图 2-3　Activity 配置界面

在 Activity 配置界面中，Activity Name 是 Activity 的名称；Layout Name 是该 Activity 对应的布局文件的名称；Package name 是 Activity 所在的包名；Source Language 是 Activity 的编写语言；Generate Layout File 选项表示是否同时新建 Layout 文件；Launcher Activity 表示是否将当前 Activity 设置为启动项。这里不勾选 Generate Layout File 和 Launcher Activity，点击“Finish”完成 Activity 的创建。打开新创建的 Activity，系统生成了最基本的程序结构，如下所示：

```
public class MyFirstActivity extends AppCompatActivity {
    @Override
    protected void onCreate(Bundle savedInstanceState) {
        super.onCreate(savedInstanceState);
    }
}
```

2.3　创建 Layout

Android 应用程序设计将程序实现分为两部分：逻辑和视图，逻辑是用 Activity 来实现，视图是用 Layout 来实现。一般情况下，Activity 是一个 java 文件，主要用于实现程序的逻辑部分；一个 Activity 对应一个 Layout，Layout 是一个 xml 文件，主要用于表达界面的可视部分，即视图。

在项目的 res 文件夹下新建“layout”文件夹，并用鼠标右击“layout”文件夹，依次选择【New】→【Layout resource file】，打开 Layout 配置界面，如图 2-4 所示。

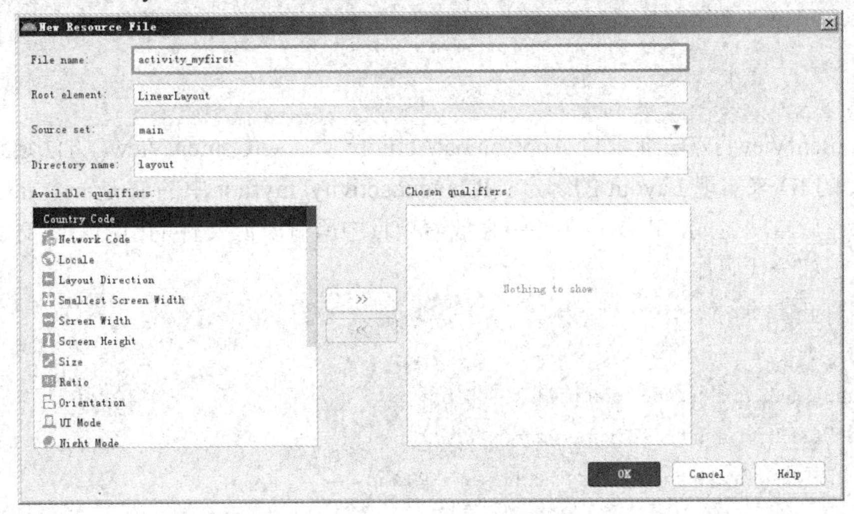

图 2-4　Layout 配置界面

在 Layout 配置界面中，File name 是 Layout 的名称，如果该 Layout 与某个 Activity 关联，名称一般定义为“activity_”+“Activity 名称”，这只是惯例，当然也可以指定其他名称；Root element 是 Layout 的根布局方式，表示该 Layout 的整体布局方式，后续章节中将会讲解；Source set 是该 Layout 的适用范围，如在发布版中适用选择 release，在调试版中适用选择 debug，在发布版和调试版中都适用选择 main；Directory name 是该 Layout 的存放位置；Available qualifiers 是该 Layout 可以使用的资源。配置完相关参数后，点击“OK”即可完成 Layout 的创建。

编辑 Layout 可以通过可视化和文本两种方式，推荐使用文本方式，打开新创建的 Layout，如下所示：

```
<?xml version="1.0" encoding="utf-8"?>
<LinearLayout xmlns:android="http://schemas.android.com/apk/res/android"
    android:orientation="vertical" android:layout_width="match_parent"
    android:layout_height="match_parent">
</LinearLayout>
```

该文件是一个标准的 xml 文件格式，LinearLayout 是创建 Layout 时选择的布局方式，在<LinearLayout></ LinearLayout>中可以放置组件。

2.4 绑定 Layout

如果需要将 Layout 绑定到 Activity，则需要在 Activity 的 onCreate()中调用 setContentView()方法，代码如下：

```
public class MyFirstActivity extends AppCompatActivity {
    @Override
    protected void onCreate(Bundle savedInstanceState) {
        super.onCreate(savedInstanceState);
        setContentView(R.layout.activity_myfirst);
    }
}
```

setContentView()方法继承自 AppCompatActivity 类，setContentView()方法通过绑定一个 Layout 的 ID 来实现 Layout 的绑定。R.layout.activity_myfirst 中的 R 是一个 java 文件，在项目编译后自动生成，R.java 文件中存放着项目中所有资源文件的引用。针对 R.java 文件，截取一部分代码如下：

```
public static final class layout {
    ………
    public static final int abc_tooltip=0x7f09001b;
    public static final int activity_myfirst=0x7f09001c;
    public static final int notification_action=0x7f09001d;
    ………
}
public static final class mipmap {
    ………
    public static final int ic_launcher=0x7f0a0000;
    public static final int ic_launcher_round=0x7f0a0001;
    ………
}
public static final class string {
    ………
    public static final int abc_action_bar_home_description=0x7f0b0000;
    public static final int abc_action_bar_up_description=0x7f0b0001;
    ………
}
```

R 是一个 final 类，不可以被继承，一般情况下不建议修改，在该类中根据不同的资源类型分别定义了不同的静态方法，方法中逐个定义了资源的地址，该地址是一个十六进制数，不建议修改。

2.5　Activity 的生命周期

在 Android 系统中，Activity 被一个 Activity 栈所管理，当一个新的 Activity 启动时，该 Activity 将被放置到 Activity 栈顶，成为运行中的 Activity，前一个 Activity 将保留在 Activity 栈中，不再放到前台，直到新的 Activity 退出为止。Activity 有以下几种状态：

(1) Active or Running：活动状态或者运行状态。此种状态下，Activity 在屏幕的前台。

(2) Paused：暂停状态。此种状态下，Activity 失去焦点，但是依然可见，一个暂停状态的 Activity 依然保持活力，但是在系统内存极端低的时候将被销毁。

(3) Stopped：停止状态。此种状态下，Activity 被其他 Activity 完全覆盖掉，被覆盖的 Activity 将保持所有的状态和成员信息，但是不再可见，当系统内存需要被用在其他地方的时候将被销毁。

(4) Destroyed：销毁状态。当一个 Activity 处于暂停或停止状态时，系统可以将该 Activity 从内存中销毁，系统采用两种方式进行销毁，要么要求该 Activity 结束，要么直接结束掉它的进程。

Activity 类中定义了七个回调方法，这七个方法覆盖了 Activity 生命周期的每一个环节，如下所示：

(1) onCreate()：Activity 第一次被创建时调用。

(2) onStart()：Activity 由不可见变为可见时调用。

(3) onResume()：Activity 准备好和用户进行交互时调用。

(4) onPause()：系统准备启动或者恢复另一个 Activity 时调用。

(5) onStop()：Activity 完全不可见时调用。

(6) onDestory()：Activity 被销毁之前调用，之后 Activity 的状态将变为销毁状态。

(7) onRestart()：Activity 重新运行到前台时调用。

ActivityManager 是 Android 框架的一个重要组成部分，它负责 Activity 生命周期的维护。Android 程序员可以决定一个 Activity 的“生”，但不能决定它的“死”，也就是说程序员可以启动一个 Activity，但是却不能手动“结束”一个 Activity。当调用 Activity.finish() 方法时，结果和用户按下 Back 键一样，只是告诉 ActivityManager 该 Activity 完成了相应的工作，可以被“回收”，随后 ActivityManager 激活处于 Activity 栈第二层的 Activity，同时原 Activity 被压入到 Activity 栈的第二层，从活动状态转到暂停状态。

例如：从 Activity1 中启动了 Activity2，则当前处于 Activity 栈顶的是 Activity2，第二层是 Activity1，当调用 Activity2.finish()方法时，ActivityManager 重新激活 Activity1 并入栈，Activity2 从活动状态转换为停止状态，Activity1 的 onActivityResult(int requestCode，int resultCode，Intent data)方法被执行，Activity2 返回的数据通过 data 参数返回给 Activity1。

七个回调方法所对应的 Activity 生命周期状态如图 2-5 所示。

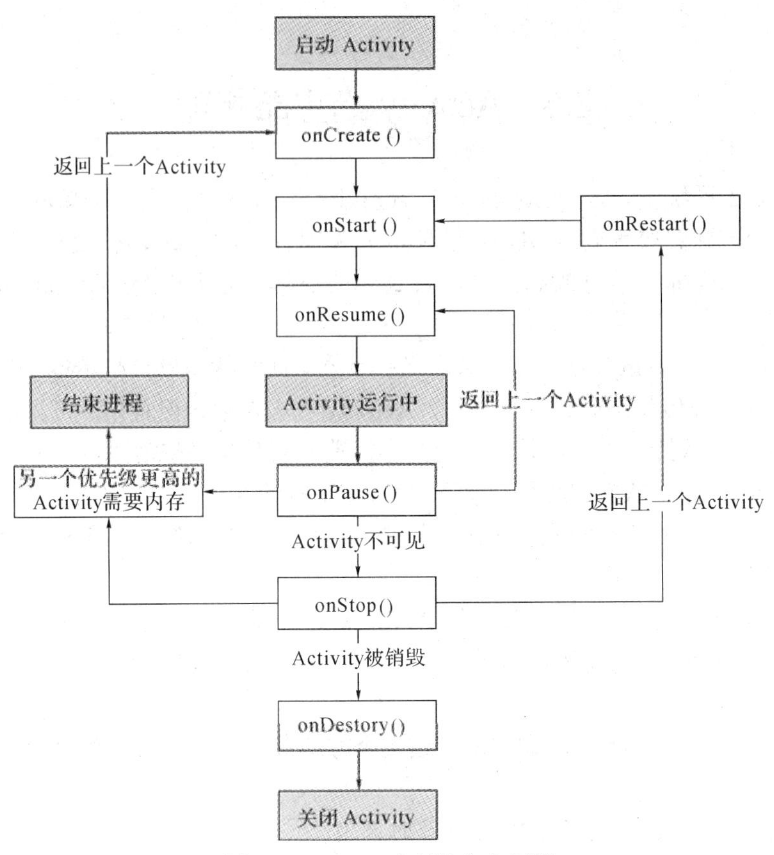

图 2-5　Activity 实例的生命周期

在 Activity 的生命周期中，onCreate()方法和 onDestory()方法之间所经历的整个过程是一个 Activity 完整的生命周期，一般在 onCreate()方法中做一些初始化的操作，在 onDestory()方法中释放内存。

在 onStart()方法和 onStop()方法之间所经历的整个过程中，Activity 是可操作的，这里的可操作也可以是用户不可见的，即通过后台可以操作 Activity。

在 onResume()方法和 onPause()方法之间所经历的整个过程中，Activity 是可见的并且是可操作的。

2.6　Activity 的起死回生

当系统内存不足时，系统会强制结束一些不可见的 Activity，以节省系统资源。在某些情况下，当被强制结束的 Activity 再次显示时会出现数据丢失的问题，为此 Android 提供了 onSaveInstanceState()方法和 onRestoreInstanceState()方法，这两个方法在 Activity 被系统意外销毁时被调用，以恢复之前的数据。

例如，当手机横屏和竖屏进行切换时，会先销毁之前的 Activity，这个销毁动作由系统强制执行，然后再新创建一个 Activity。下面通过横、竖屏的切换来理解 Activity 的起死回生，如例 2-1 所示。

【例2-1】 Activity的起死回生。

创建一个Android项目，在Layout中添加一个TextView组件、三个CheckBox组件，并在Activity中重写onCreate()、onDestroy()、onSaveInstanceState()、onRestoreInstanceState()方法，在每个方法中都添加日志信息，表示Activity的状态，具体代码如下。

MainActivity.java文件：

```
public class MainActivity extends AppCompatActivity {
    private static final String TAG = "Life Activity:--->";
    @Override
    protected void onCreate(Bundle savedInstanceState) {
        super.onCreate(savedInstanceState);
        setContentView(R.layout.activity_main);
        Log.i(TAG, "onCreate 被创建");
    }
    @Override
    protected void onDestroy() {
        super.onDestroy();
        Log.i(TAG, "onDestroy 被销毁");
    }
    @Override
    protected void onSaveInstanceState(Bundle outState) {
        super.onSaveInstanceState(outState);
        Log.i(TAG, "onSaveInstanceState 保存实例");
    }
    @Override
    protected void onRestoreInstanceState(Bundle savedInstanceState) {
        super.onRestoreInstanceState(savedInstanceState);
        Log.i(TAG, "onRestoreInstanceState 恢复实例");
    }
}
```

activity_main.xml文件：

```
<?xml version="1.0" encoding="utf-8"?>
<LinearLayout xmlns:android="http://schemas.android.com/apk/res/android"
    xmlns:tools="http://schemas.android.com/tools"
    android:layout_width="match_parent"
    android:orientation="vertical"
    android:layout_height="match_parent">
    <TextView
        android:layout_width="match_parent"
        android:layout_height="wrap_content"
```

```
        android:textSize="22sp"
        android:textStyle="bold"
        android:text="请选择课程(可多选)："/>
    <CheckBox
        android:id="@+id/cb1"
        android:layout_width="wrap_content"
        android:layout_height="wrap_content"
        android:textSize="22sp"
        android:text="JavaEE"/>
    <CheckBox
        android:id="@+id/cb2"
        android:layout_width="wrap_content"
        android:layout_height="wrap_content"
        android:textSize="22sp"
        android:text="大数据"/>
    <CheckBox
        android:id="@+id/cb3"
        android:layout_width="wrap_content"
        android:layout_height="wrap_content"
        android:textSize="22sp"
        android:text="人工智能"/>
</LinearLayout>
```

程序运行结果如图 2-6 所示。

图 2-6　程序运行结果

运行程序后，查看日志，如图 2-7 所示，可以看到 MainActivity 已被创建。

```
2019-08-21 22:45:30.527 5320-5320/com.bjsxt.demo2_1 W/m.bjsxt.demo2_: Accessing hidden method Landroid/view/V
2019-08-21 22:45:30.532 5320-5320/com.bjsxt.demo2_1 W/m.bjsxt.demo2_: Accessing hidden method Landroid/view/V
2019-08-21 22:45:30.564 5320-5320/com.bjsxt.demo2_1 I/Life  Activity:--->: onCreate被创建
```

图 2-7　日志输出

这时选择“大数据”和“人工智能”两项后，将屏幕切换到横屏，通过图 2-8 所示的日志信息，可以看到为了保护 Activity 中的数据，Activity 在销毁之前调用了 onSaveInstanceState()方法，新启动的 Activity 又调用了 OnRestoreInstanceState()方法，目的是恢复之前 Activity 中的数据，横屏后显示效果如图 2-9 所示。

```
2019-08-21 22:45:30.707 5320-5340/com.bjsxt.demo2_1 W/Gralloc3: mapper 3.x is not supported
2019-08-21 22:52:45.002 5320-5320/com.bjsxt.demo2_1 I/Life  Activity:--->: onSaveInstanceState保存实例
2019-08-21 22:52:45.002 5320-5320/com.bjsxt.demo2_1 I/Life  Activity:--->: onDestroy被销毁
2019-08-21 22:52:45.071 5320-5320/com.bjsxt.demo2_1 I/Life  Activity:--->: onCreate被创建
2019-08-21 22:52:45.102 5320-5320/com.bjsxt.demo2_1 I/Life  Activity:--->: onRestoreInstanceState恢复实例
```

图 2-8　日志输出

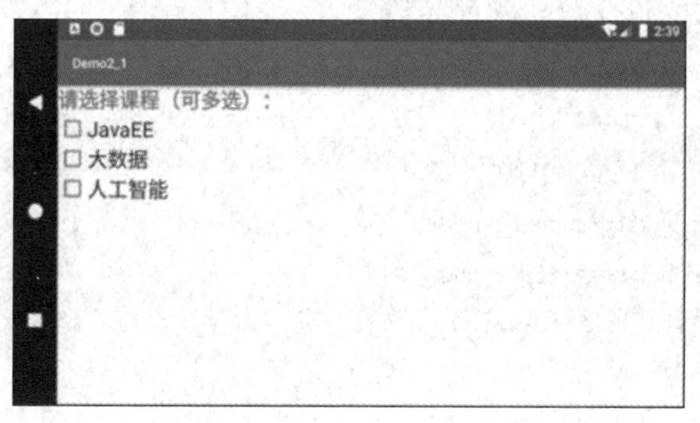

图 2-9　横屏后显示效果

2.7　Activity 之间的切换

一般的 Android 应用程序会包含多个 Activity，Activity 之间的切换可以丰富程序的功能，提高程序的体验感。Android 提供了一个 Intent 类， Intent 类是连接 Android 中的四大组件的桥梁，可以用来切换 Activity。Intent 类的使用有两种方式：显式 Intent 和隐式 Intent。

2.7.1　使用显式 Intent

Intent 类有多个构造方法的重载，其中一个是 Intent(Context packageContext, Class<?> cls)，这个构造方法有两个参数：第一个参数 Context 要求提供一个启动 Activity 的上下文(当前对象)；第二个参数 Class 则是指定想要启动的目标 Activity。通过这个构造方法构建出的 Intent 对象，可以通过调用 startActivity()方法实现 Activity 之间的切换，如例 2-2 所示。

【例 2-2】 Intent 的显式使用方法。

创建一个 Android 项目，新建两个 Activity，一个是 MainActivity，另一个是 SecondActivity，使用显式 Intent 在 MainActivity 中启动 SecondActivity，具体代码如下。

activity_main.xml 文件：

```
<?xml version="1.0" encoding="utf-8"?>
<LinearLayout xmlns:android="http://schemas.android.com/apk/res/android"
    android:layout_width="match_parent"
    android:layout_height="match_parent"
    android:orientation="vertical" >
    <TextView
        android:id="@+id/txtOne"
        android:layout_width="match_parent"
        android:layout_height="100dp"
        android:gravity="center"
        android:text="我是第一个 Activity"
        android:textColor="#000000"
        android:textStyle="bold"
        android:textSize="18sp" />
    <Button
        android:id="@+id/button_1"
        android:layout_width="match_parent"
        android:layout_height="wrap_content"
        android:text="打开第二个 Activity"
        />
</LinearLayout>
```

activity_second.xml 文件：

```
<?xml version="1.0" encoding="utf-8"?>
<LinearLayout xmlns:android="http://schemas.android.com/apk/res/android"
    android:layout_width="match_parent"
    android:layout_height="match_parent"
    android:orientation="vertical" >
    <TextView
        android:id="@+id/txtTwo"
        android:layout_width="match_parent"
        android:layout_height="100dp"
        android:gravity="center"
        android:text="我是第二个 Activity"
        android:textColor="#000000"
        android:textStyle="bold"
        android:textSize="18sp" />
</LinearLayout>
```

MainActivity.java 文件：

```
public class MainActivity extends AppCompatActivity {
    @Override
    protected void onCreate(Bundle savedInstanceState) {
        super.onCreate(savedInstanceState);
        setContentView(R.layout.activity_main);
        Button btn = (Button) findViewById(R.id.button_1);
        btn.setOnClickListener(new View.OnClickListener() {
            @Override
            public void onClick(View v) {
                Intent intent =new Intent(MainActivity.this, SecondActivity.class);
                startActivity(intent);
            }
        });
    }
}
```

SecondActivity.java 文件：

```
public class SecondActivity extends AppCompatActivity {
    @Override
    protected void onCreate(Bundle savedInstanceState) {
        super.onCreate(savedInstanceState);
        setContentView(R.layout.activity_second);
    }
}
```

程序运行结果如图 2-10 所示。

点击“打开第二个 Activity”按钮后，SecondActivity 显示如图 2-11 所示。

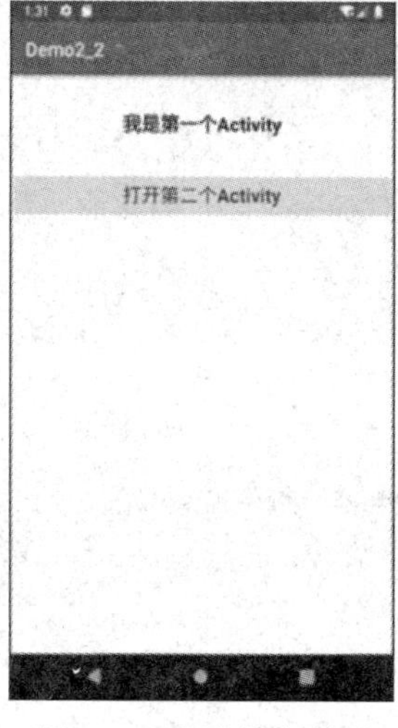

图 2-10　程序运行结果

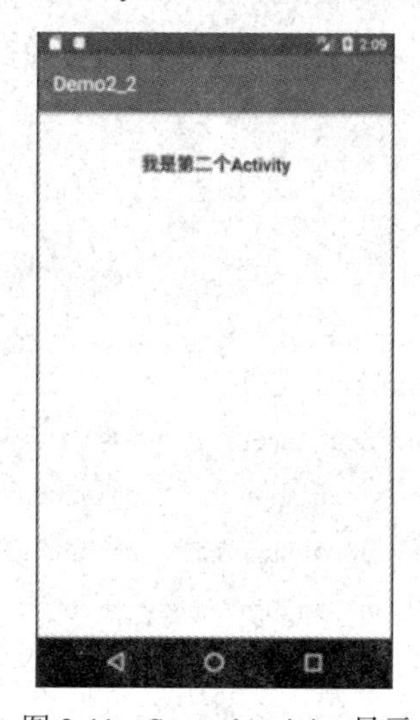

图 2-11　SecondActivity 显示

2.7.2　使用隐式 Intent

隐式 Intent 并不明确指出想要启动哪一个 Activity，而是通过指定一个特定的 Action(动作)，由系统配合分析这个动作的去向，找到合适的 Activity 启动。什么叫作合适的 Activity 呢？简单来说，就是可以响应这个隐式 Intent 的 Activity。通常情况下，隐式跳转需要 Action(动作)、Category(分类)和 Data(数据)三者结合使用，如例 2-3 所示。

【例 2-3】 Intent 的隐式使用方法。

创建一个 Android 项目，新建一个 Activity，在该 Activity 中通过隐式 Intent 调用系统内置的拨号 Activity，具体代码如下。

MainActivity.java 文件：

```
public class MainActivity extends AppCompatActivity {
    @Override
    protected void onCreate(Bundle savedInstanceState) {
        super.onCreate(savedInstanceState);
        setContentView(R.layout.activity_main);
        Button btn = (Button) findViewById(R.id.btn);
        btn.setOnClickListener(new View.OnClickListener() {
            @Override
            public void onClick(View v) {
                Intent intent = new Intent();
                //设置数据，数据为 Uri 类型
                intent.setData(Uri.parse("tel://4000091906"));
                //设置动作，动作为系统默认拨打页面动作
                intent.setAction(Intent.ACTION_DIAL);
                //设置分类，不知名为默认分类 Category_Default
                intent.addCategory(Intent.CATEGORY_DEFAULT);
                startActivity(intent);
            }
        });
    }
}
```

activity_main.xml 文件：

```
<?xml version="1.0" encoding="utf-8"?>
<LinearLayout xmlns:android="http://schemas.android.com/apk/res/android"
    android:layout_width="match_parent"
    android:layout_height="match_parent"
    android:orientation="vertical" >
    <Button
        android:id="@+id/btn"
```

```
        android:layout_width="match_parent"
        android:layout_height="wrap_content"
        android:text="拨打报名电话" />
</LinearLayout>
```

程序运行后，点击“拨打报名电话”按钮，点击后系统会自动根据 Intent 所携带的 Action、Category、Data 自动匹配到拨号 Activity，拨号 Activity 是系统内置的一个 Activity，程序运行结果如图 2-12 所示。

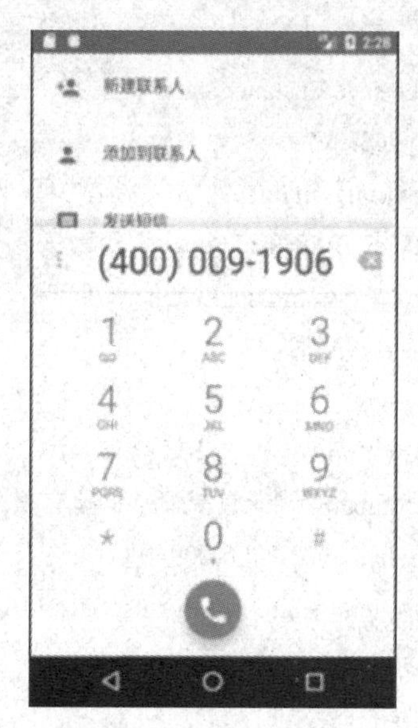

图 2-12　隐式启动切换到拨号页面

在该实例中，动作 Intent.ACTION_DIAL 表示要启动拨号，这个动作是系统封装的，分类时可以不指定，默认是 Intent.CATEGORY_DEFAULT，数据格式是 tel://类型，表示是电话号码格式，只有动作、分类、数据同时满足的 Activity 才能被启动，满足该条件的只有系统内置的拨号 Activity。

2.7.3　Intent 向下传递数据

当切换 Activity 的同时需要传递数据时，Intent 中提供了一系列 putExtra()方法的重载，可以把想要传递的数据暂存在 Intent 中，启动另一个 Activity 后，只需要再把这些数据从 Intent 中取出即可。Intent 通过携带一个 Bundle 对象，将数据封装成键值对的形式存储在 Bundle 对象中进行传递，如果没有指明，系统将创建一个简单的默认 Bundle 对象。单个数据传递时，采用 putExtra()方法添加数据，如下所示：

```
Intent intent = new Intent(this, SecondActivity.class);
intent.putExtra("strings", "字符串类型的数据");
startActivity(intent);
```

在实际应用中，也可以显式创建 Bundle 对象，可以携带复杂数据，采用 putExtras()方法添加数据，如例 2-4 所示。

【例2-4】 通过显式创建Bundle对象的方式实现Intent向下传递数据。

创建一个Android项目，新建两个Activity，分别为MainActivity 和SecondActivity，在MainActivity 中显式创建Bundle对象，将要传递的数据封装到Bundle对象中，并将该Bundle对象加载到Intent中，通过显示Intent的方式启动SecondActivity，最后在SecondActivity中获取传递过来的数据，具体代码如下。

MainActivity.java文件：

```
public class MainActivity extends AppCompatActivity {
    @Override
    protected void onCreate(Bundle savedInstanceState) {
        super.onCreate(savedInstanceState);
        setContentView(R.layout.activity_main);
        Button btn = (Button) findViewById(R.id.btn);
        btn.setOnClickListener(new View.OnClickListener() {
            @Override
            public void onClick(View v) {
                Bundle bundle = new Bundle();
                bundle.putString("company", "北京尚学堂科技有限公司");
                bundle.putString("telephone", "400-009-1906");
                Intent intent = new Intent(MainActivity.this, SecondActivity.class);
                intent.putExtras(bundle);
                startActivity(intent);
            }
        });
    }
}
```

SecondActivity.java文件：

```
public class SecondActivity extends AppCompatActivity {
    @Override
    protected void onCreate(Bundle savedInstanceState) {
        super.onCreate(savedInstanceState);
        setContentView(R.layout.activity_second);
        Intent intent = getIntent();
        if(intent!=null){
            String companyStr = intent.getStringExtra("company");
            String telephoneStr = intent.getStringExtra("telephone");
            Log.i("log", "onCreate: --->company=>"+companyStr);
            Log.i("log", "onCreate: --->telephone=>"+telephoneStr);
        }
    }
```

```
}
```

activity_main.xml 文件：

```
<?xml version="1.0" encoding="utf-8"?>
<LinearLayout xmlns:android="http://schemas.android.com/apk/res/android"
    android:layout_width="match_parent"
    android:layout_height="match_parent"
    android:orientation="vertical" >
    <Button
        android:id="@+id/btn"
        android:layout_width="match_parent"
        android:layout_height="wrap_content"
        android:text="打开下一个 Activity"
        />
</LinearLayout>
```

activity_second.xml 文件：

```
<?xml version="1.0" encoding="utf-8"?>
<androidx.constraintlayout.widget.ConstraintLayout
xmlns:android="http://schemas.android.com/apk/res/android"
    xmlns:app="http://schemas.android.com/apk/res-auto"
    xmlns:tools="http://schemas.android.com/tools"
    android:layout_width="match_parent"
    android:layout_height="match_parent"
    tools:context=".SecondActivity">
</androidx.constraintlayout.widget.ConstraintLayout>
```

程序运行后，点击“打开下一个 Activity”按钮，观察日志窗口，可以看到 SecondActivity 获取到了 MainActivity 传递过来的数据，如图 2-13 所示。获取上一个 Activity 传递过来的数据，首先要通过 getIntent()方法获取 Intent 对象，对象获取后通过调用对象的 getStringExtra()方法获取传递过来的字符串类型的数据，其他类型数据的获取可以参考 API，有对应的方法。

```
09-29 02:57:03.042 5723-5737/? D/EGL_emulation: eglCreateContext: 0xad1b9920: maj 2 min 0 rcv 2
09-29 02:57:03.044 5723-5737/? D/EGL_emulation: eglMakeCurrent: 0xad1b9920: ver 2 0 (tinfo 0xac3ea040)
09-29 02:57:03.055 5723-5737/? D/EGL_emulation: eglMakeCurrent: 0xad1b9920: ver 2 0 (tinfo 0xac3ea040)
09-29 03:04:22.986 5723-5723/com.bjsxt.demo2_4 I/log: onCreate: --->company=>北京尚学堂科技有限公司
09-29 03:04:22.986 5723-5723/com.bjsxt.demo2_4 I/log: onCreate: --->telephone=>400-009-1906
```

图 2-13　日志信息

2.7.4　Intent 向上传递数据

Intent 可以传递数据给下一个 Activity，也可以传递数据给上一个 Activity，startActivityForResult()方法可以用于启动一个 Activity，但这个方法期望在 Activity 销毁的时候能够返回一个结果给上一个 Activity。

startActivityForResult()方法有两个参数：第一个参数是 Intent；第二个参数是请求码，用于在回调方法中判断数据的来源，如例 2-5 所示。

【例 2-5】 Intent 向上传递数据。

创建一个 Android 项目，新建两个 Activity，分别为 MainActivity 和 SecondActivity，在 MainActivity 中通过 startActivityForResult()方法启动 SecondActivity，并指定请求码为 1，重写 MainActivity 中的 onActivityResult()回调方法，具体代码如下。

MainActivity.java 文件：

```
public class MainActivity extends AppCompatActivity {
    @Override
    protected void onCreate(Bundle savedInstanceState) {
        super.onCreate(savedInstanceState);
        setContentView(R.layout.activity_main);
        Button btn = (Button) findViewById(R.id.btn);
        btn.setOnClickListener(new View.OnClickListener() {
            @Override
            public void onClick(View v) {
                Intent intent = new Intent(MainActivity.this, SecondActivity.class);
                startActivityForResult(intent, 1);
            }
        });
    }
    @Override
    protected void onActivityResult(int requestCode, int resultCode, Intent data) {
        switch (requestCode){
            case 1:
                if(resultCode==RESULT_OK){
                    String returnData=data.getStringExtra("data_return");
                    Log.d("MainActivity", returnData);
                }
                break;
                default:
        }
    }
}
```

SecondActivity.java 文件：

```
public class SecondActivity extends AppCompatActivity {
    @Override
    protected void onCreate(Bundle savedInstanceState) {
```

```
        super.onCreate(savedInstanceState);
        setContentView(R.layout.activity_second);
        Button btn = (Button) findViewById(R.id.btn);
        btn.setOnClickListener(new View.OnClickListener() {
            @Override
            public void onClick(View v) {
                Intent intent = new Intent();
                intent.putExtra("data_return", "返回测试数据");
                setResult(RESULT_OK, intent);
                finish();
            }
        });
    }
    @Override
    public void onBackPressed() {
        Intent intent = new Intent();
        intent.putExtra("data_return", "返回测试数据");
        setResult(RESULT_OK, intent);
        finish();
    }
}
```

activity_main.xml 文件：

```
<?xml version="1.0" encoding="utf-8"?>
<LinearLayout xmlns:android="http://schemas.android.com/apk/res/android"
    android:layout_width="match_parent"
    android:layout_height="match_parent"
    android:orientation="vertical" >
    <Button
        android:id="@+id/btn"
        android:layout_width="match_parent"
        android:layout_height="wrap_content"
        android:text="打开下一个 Activity"/>
</LinearLayout>
```

activity_main.xml 文件：

```
<?xml version="1.0" encoding="utf-8"?>
<LinearLayout xmlns:android="http://schemas.android.com/apk/res/android"
    android:layout_width="match_parent"
    android:layout_height="match_parent"
    android:orientation="vertical" >
```

```
    <Button
        android:id="@+id/btn"
        android:layout_width="match_parent"
        android:layout_height="wrap_content"
        android:text="返回上一个 Activity"/>
</LinearLayout>
```

程序运行结果如图 2-14 所示。

点击“打开下一个 Activity”按钮，打开 SecondActivity，如图 2-15 所示。

图 2-14　程序运行结果

图 2-15　打开 SecondActivity

在图 2-15 中点击“返回上一个 Activity”，或点击返回键，通过日志发现 MainActivity 可以获取由 SecondActivity 返回的数据，如图 2-16 所示。

```
09-29 07:48:11.576 23808-23833/com.bjsxt.demo2_5 E/Surface: getSlotFromBufferLocked: unknown buffer: 0xae68b640
09-29 07:48:11.577 23808-23833/com.bjsxt.demo2_5 D/OpenGLRenderer: endAllStagingAnimators on 0xae854600 (RippleDrawable) with handle 0xae452e00
09-29 07:50:33.297 23808-23833/com.bjsxt.demo2_5 D/EGL_emulation: eglMakeCurrent: 0xae454480: ver 2 0 (tinfo 0xae452c80)
09-29 07:50:33.428 23808-23808/com.bjsxt.demo2_5 D/MainActivity: 返回测试数据
```

图 2-16　日志信息

2.8　Activity 的启动模式

Activity 的启动模式是指通过调用 startActivity(Intent)方法启动 Activity 时，被启动的 Activity 将会以什么方式存在，这种存在方式称为 Activity 的启动模式。启动模式共有四种，分别是 standard、singleTop、singleTask 和 singleInstance，可以在 AndroidManifest.xml 文件中通过设置<activity>节点的 android:launchMode 属性来配置启动模式，关键代码如下：

```
<activity android:name=".MainActivity"
    android:launchMode="standard">
</activity>
```

被启动的 Activity 会存在于 Activity 栈中，Activity 栈是后进先出的存储结构，用于保存当前状态的所有 Activity，最后进栈的 Activity 位于栈顶。也就是说，能够看到的 Activity 都是位于栈顶，其他的 Activity 只要不被销毁，也都会存在于 Activity 栈中。接下来详细介绍 Activity 的这四种启动模式。

2.8.1　standard 模式

在没有指定 Activity 的启动模式时，默认为以 standard 模式进行启动，每次启动会创建一个新的 Activity 实例，并且存储在 Activity 栈的栈顶，如例 2-6 所示。

【例 2-6】 standard 模式启动 Activity。

创建一个 Android 项目，新建一个 Activity，并在该 Activity 中通过 Intent 显式启动自己，具体代码如下。

MainActivity.java 文件：

```
public class MainActivity extends AppCompatActivity {
    private static final String TAG = "MainActivity";
    private Button myBtn;
    @Override
    protected void onCreate(Bundle savedInstanceState) {
        super.onCreate(savedInstanceState);
        setContentView(R.layout.activity_main);
        Log.i(TAG, "onCreate: MainActivity--->"+this);
        myBtn = (Button) findViewById(R.id.btn);
        myBtn.setOnClickListener(new View.OnClickListener() {
            @Override
            public void onClick(View v) {
                Intent intent = new Intent(MainActivity.this, MainActivity.class);
                startActivity(intent);
            }
        });
    }
}
```

activity_main.xml 文件：

```
<?xml version="1.0" encoding="utf-8"?>
<LinearLayout xmlns:android="http://schemas.android.com/apk/res/android"
    xmlns:tools="http://schemas.android.com/tools"
    android:layout_width="match_parent"
    android:orientation="vertical"
    android:layout_height="match_parent">
    <Button
```

```
        android:id="@+id/btn"
        android:layout_width="match_parent"
        android:layout_height="wrap_content"
        android:text="Button" />
</LinearLayout>
```

程序运行后，点击“Button”按钮，每点击一次，都会创建一个新的 MainActivity 实例并置于 Activity 栈顶，如点击三次，系统会创建三个 MainActivity 实例，日志如图 2-17 所示。

```
09-29 08:04:34.788 19446-19446/com.bjsxt.demo2_6 I/MainActivity: onCreate: MainActivity--->com.bjsxt.demo2_6.MainActivity@7525ce6
09-29 08:04:34.875 1593-1612/system_process I/ActivityManager: Displayed com.bjsxt.demo2_6/.MainActivity: +108ms
09-29 08:04:43.109 1593-1605/system_process I/ActivityManager: START u0 {cmp=com.bjsxt.demo2_6/.MainActivity} from uid 10067 on display 0
09-29 08:04:43.132 19446-19446/com.bjsxt.demo2_6 I/MainActivity: onCreate: MainActivity--->com.bjsxt.demo2_6.MainActivity@3e940ed
09-29 08:04:43.224 1593-1612/system_process I/ActivityManager: Displayed com.bjsxt.demo2_6/.MainActivity: +104ms
09-29 08:04:46.906 1593-2974/system_process I/ActivityManager: START u0 {cmp=com.bjsxt.demo2_6/.MainActivity} from uid 10067 on display 0
09-29 08:04:46.924 19446-19446/com.bjsxt.demo2_6 I/MainActivity: onCreate: MainActivity--->com.bjsxt.demo2_6.MainActivity@d9f40a0
09-29 08:04:47.023 1593-1612/system_process I/ActivityManager: Displayed com.bjsxt.demo2_6/.MainActivity: +113ms
```

图 2-17　日志信息

2.8.2　singleTop 模式

通过 singleTop 模式启动 Activity，首先会判断被启动的 Activity 实例是否位于 Activity 栈顶，如果恰好位于栈顶，就不再创建新的 Activity 实例；如果不在栈顶，就会创建一个新的 Activity 实例置于栈顶。修改例 2-6 中 MainActivity 的启动模式为 singleTop，代码如下：

```
<activity android:name=".MainActivity" android:launchMode="singleTop">
```

重新运行程序，在 singleTop 启动模式下，无论点击多少次“Buttn”按钮，通过日志查看发现，MainActivity 实例都只有一个，如图 2-18 所示。MainActivity 实现了复用，但是这种启动模式的复用仅限于恰巧要启动的 Activity 实例位于 Activity 栈顶。

```
09-29 08:19:41.043 19585-19585/? I/MainActivity: onCreate: MainActivity--->com.bjsxt.demo2_6.MainActivity@648ac14
```

图 2-18　日志信息

2.8.3　singleTask 模式

通过 singleTask 模式启动 Activity，首先会判断当前启动的 Activity 实例是否位于 Activity 栈中，如果存在于栈中，则进一步判断被启动的 Activity 实例所在位置之上是否还有其他的 Activity 实例，如果有，使其他的 Activity 实例全部出栈。通过这样的操作，当前 Activity 实例就可以置于栈顶而显示出来。如果在栈中没有被启动的 Activity 实例，就需要新建一个，然后放置于栈顶，如例 2-7 所示。

【例 2-7】 singleTask 模式启动 Activity。

修改例 2-6 中 MainActivity 的启动模式为 singleTask，代码如下：

```
<activity android:name=".MainActivity" android:launchMode="singleTask">
```

MainActivity.java 文件：

```
public class MainActivity extends AppCompatActivity {
```

```
    private static final String TAG = "MainActivity";
    private Button myBtn;
    @Override
    protected void onCreate(Bundle savedInstanceState) {
        super.onCreate(savedInstanceState);
        setContentView(R.layout.activity_main);
        Log.i(TAG, "onCreate: MainActivity--->"+this);
        myBtn = (Button) findViewById(R.id.btn);
        myBtn.setOnClickListener(new View.OnClickListener() {
            @Override
            public void onClick(View v) {
                Intent intent = new Intent(MainActivity.this, SecondActivity.class);
                startActivity(intent);
            }
        });
    }
}
```

SecondActivity.java 文件：

```
public class SecondActivity extends AppCompatActivity {
    private static final String TAG = "launchMode";
    private Button myBtn;
    @Override
    protected void onCreate(Bundle savedInstanceState) {
        super.onCreate(savedInstanceState);
        setContentView(R.layout.activity_second);
        Log.i(TAG, "onCreate: SecondActivity --->" + this);
        myBtn = (Button) findViewById(R.id.btn);
        myBtn.setOnClickListener(new View.OnClickListener() {
            @Override
            public void onClick(View v) {
                Intent intent = new Intent(SecondActivity.this, MainActivity.class);
                startActivity(intent);
            }
        });
    }
    @Override
    protected void onDestroy() {
        super.onDestroy();
```

```
        Log.i(TAG, "onDestroy: SecondActivity--->" + this);
    }
}
```

activity_main.xml 文件：

```
<?xml version="1.0" encoding="utf-8"?>
<LinearLayout xmlns:android="http://schemas.android.com/apk/res/android"
    xmlns:tools="http://schemas.android.com/tools"
    android:layout_width="match_parent"
    android:orientation="vertical"
    android:layout_height="match_parent">
    <Button
        android:id="@+id/btn"
        android:layout_width="match_parent"
        android:layout_height="wrap_content"
        android:text="打开 SecondActivity " />
</LinearLayout>
```

activity_second.xml 文件：

```
<?xml version="1.0" encoding="utf-8"?>
<LinearLayout xmlns:android="http://schemas.android.com/apk/res/android"
    xmlns:tools="http://schemas.android.com/tools"
    android:layout_width="match_parent"
    android:orientation="vertical"
    android:layout_height="match_parent">
    <Button
        android:id="@+id/btn"
        android:layout_width="match_parent"
        android:layout_height="wrap_content"
        android:text="打开 MainActivity " />
</LinearLayout>
```

程序运行后，首先出现 MainActivity，在 MainActivity 界面中点击“打开 SecondActivity”，打开 SecondActivity 后，在 SecondActivity 界面中点击“打开 MainActivity”，这时由于 MainActivity 的启动模式为 singleTask，系统发现 MainActivity 实例在 Activity 栈中存在，但是其上还有一个 SecondActivity 实例，为了使 MainActivity 实例显示出来，系统将使 SecondActivity 实例出栈，SecondActivity 实例出栈后，MainActivity 实例重新处于 Activity 栈顶而显示出来，日志如图 2-19 所示。

```
09-29 08:49:02.844 19905-19919/com.bjsxt.demo2_7 D/OpenGLRenderer: endAllStagingAnimators on 0xaa1a7800 (RippleDrawable) with handle 0xaaae55d0
09-29 08:49:03.117 19905-19905/com.bjsxt.demo2_7 I/launchMode: onDestroy: SecondActivity--->com.bjsxt.demo2_7.SecondActivity@801316a
```

图 2-19　日志信息

2.8.4 singleInstance 模式

singleInstance 模式是四种启动模式中最为复杂的一种，singleInstance 是单例的意思。当一个 Activity 设置启动模式为 singleInstance 时，被启动的 Activity 就只能存在一个实例。貌似 singleTask 模式也能实现这样的用法，但 singleTask 模式会影响其他 Activity 实例的生命周期，而 singleInstance 模式不会影响。因为设置为 singleInstance 启动模式的 Activity 会使用单独的栈进行管理，所以不会受到其他 Activity 的影响，同时也不会影响到其他 Activity，这是真正意义上的单例。修改例 2-7 中 MainActivity 的启动模式为 singleInstance，代码如下：

```
<activity android:name=".MainActivity" android:launchMode="singleInstance">
```

重新运行程序，在 SecondActivity 中点击“打开 MainActivity”，在日志窗口中没有出现 SecondActivity 被销毁的信息，说明在 singleInstance 模式下，不会影响其他 Activity 的生命周期。

习 题

1. 简述 Layout 与 Activity 的关系。
2. 简述 Activity 的几种状态及在各种状态下的可操作性。
3. 简述显式 Intent 和隐式 Intent 的异同。
4. 简述 Activity 的四种启动模式。

第 3 章　UI 组件基础

本章主要介绍 Android 程序设计中常用的布局组件和基础的 UI 组件。布局组件是控制 Layout 排版方式的组件，通过该组件，Layout 中的 UI 组件可以按照一定的规则排列起来。UI 组件是 Android 界面中元素的基本单位，Android 中的 UI 组件很多，但本章只介绍常用的一部分组件，其他组件将在后续章节中介绍。

3.1　View 和 ViewGroup

Android 中所有的用户界面元素都是由 View 和 ViewGroup 对象构成的。View 是绘制在屏幕上的且用户能与之交互的一个对象，是界面的最基本的可视单元；而 ViewGroup 则是一个用于存放 View(或 ViewGroup)对象的布局容器。Android 提供了一个 View 和 ViewGroup 子类的集合，集合中提供了一些常用的组件(如 Button、RadioButton、CheckBox 等)和布局模式。

Android 的 UI 界面都是由 View 和 ViewGroup 及其派生类组合而成的，其中 View 是所有 UI 组件的基类，而 ViewGroup 是容纳这些组件的容器。Android UI 的层次结构如图 3-1 所示。

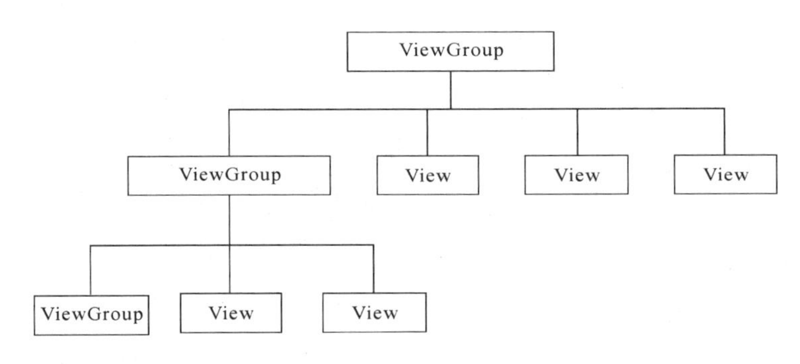

图 3-1　Android UI 层次结构

作为容器的 ViewGroup 可以包含作为子节点的 View，也可以包含子 ViewGroup，而子 ViewGroup 又可以包含下一层的子节点的 View 和 ViewGroup。事实上，这种灵活的 View 层次结构可以形成非常复杂的 Layout，开发者可据此开发出非常精致的 UI 界面。

View 是界面的最基本的可视单元，呈现了最基本的 UI 构造块。View 类是 Android 中最基础的类之一，所有在界面上的可见元素都是 View 的子类，如 TextView、RadioButton、CheckBox 等，都是通过继承 View 来实现，也可以通过继承 View 自定义组件。

View 有很多扩展，大部分是在 android.widget 包中，这些继承者实际上就是 Android

系统中的“组件”，直接继承者包括文本框 (TextView)、图像视图(ImageView)、进度条(ProgressBar)等。

3.2 布局组件

Android 中包含六个布局组件：LinearLayout(线性布局)、RelativeLayout(相对布局)、TableLayout(表格布局)、FrameLayout(帧布局)、GridLayout(网格布局)、AbsoluteLayout(绝对布局)。其中，最常用的是 LinearLayout、TablelLayout 和 RelativeLayout，这些布局组件都可以嵌套使用。

3.2.1 LinearLayout(线性布局)

LinearLayout 是最常见的一种布局组件，比较简单，每一个元素占一行，当然也可声明为横向排列，每个元素占一列。

LinearLayout 按照垂直或者水平的顺序依次排列子元素，每一个子元素都位于前一个子元素之后。如果是垂直排列，那么将是一个 N 行单列的结构，每一行只会有一个元素，而不论这个元素的宽度为多少；如果是水平排列，那么将是一个单行 N 列的结构。

如果是两行两列的结构，通常的方式是先垂直排列两个元素，每一个元素里再包含一个线性布局组件，再进行水平排列。LinearLayout 组件的常用属性如表 3-1 所示。

表 3-1　LinearLayout 组件的常用属性

属　性	说　　明
layout_width	指定宽度，通常不直接写实际值，一般取值为 match_parent(填充父容器)或 wrap_content(包裹自身)
layout_height	指定高度，通常不直接写实际值，一般取值为 match_parent(填充父容器)或 wrap_content(包裹自身)
background	设置布局的背景颜色
orientation	设置布局的方向，取值为 vertical(垂直)或 horizontal(水平)
layout_margin(left, right, top, bottom)	距离其父容器在 left、right、top、bottom 方向上的外边的距离
layout_padding(left, right, top, bottom)	内部内容距离边缘 left、right、top、bottom 的距离
gravity	内部元素的对齐方式
layout_gravity	在父容器中的对齐方式
layout_weight	组件在布局中的相对权重，属性值是一个非负整数值
divider	设置分割线，通过 showDivider 设置分割线的位置(none、middle、beginning、end)，可以通过 dividerPadding 设置分割线内容的 padding

margin 与 padding 这两个属性都是用来控制边距的，margin 用来控制外边距，padding

用来控制内边距。外边距与内边距这两个概念在许多组件中都会用到，其区别如图 3-2 所示。

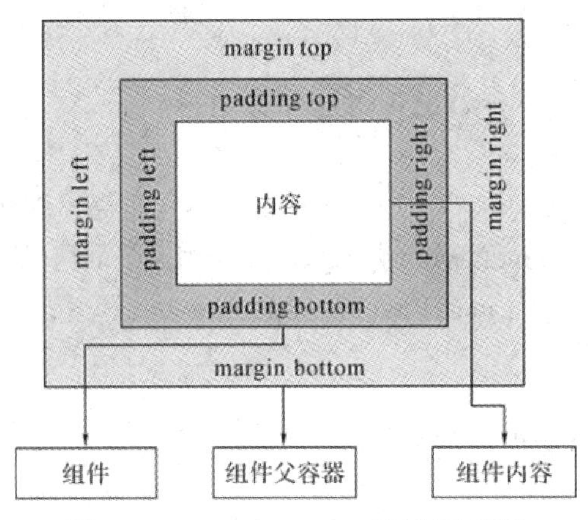

图 3-2　margin 与 padding 区别示意图

下面通过一个例子来展示 LinearLayout 组件的使用，如例 3-1 所示。

【例 3-1】 LinearLayout 组件的使用。

创建一个 Android 项目，新建一个 Activity，在其对应的 Layout 中使用 LinearLayout 组件，通过 layout_weight 属性控制，实现垂直方向三个布局组件的排列，具体代码如下：

```
<?xml version="1.0" encoding="utf-8"?>
<LinearLayout xmlns:android="http://schemas.android.com/apk/res/android"
    android:orientation="vertical"
    android:layout_width="match_parent"
    android:layout_height="match_parent">
    <LinearLayout
        android:layout_width="match_parent"
        android:layout_height="match_parent"
        android:layout_weight="1"
        android:background="#ff0000">
    </LinearLayout>
    <LinearLayout
        android:layout_width="match_parent"
        android:layout_height="match_parent"
        android:layout_weight="1"
        android:background="#00ff00">
    </LinearLayout>
    <LinearLayout
        android:layout_width="match_parent"
        android:layout_height="match_parent"
        android:layout_weight="1"
        android:background="#0000ff">
```

```
    </LinearLayout>
</LinearLayout>
```

程序运行结果如图 3-3 所示。

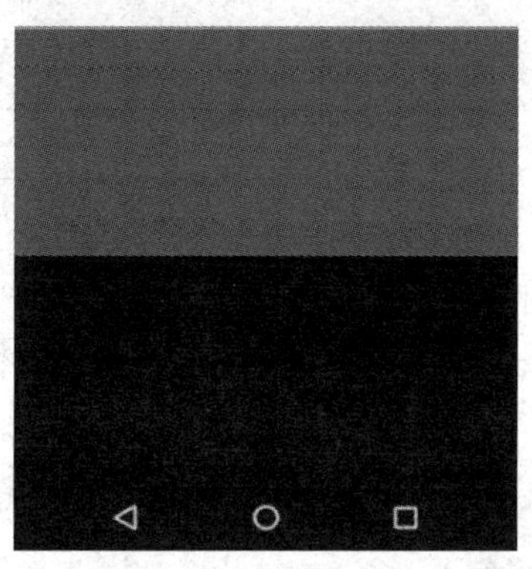

图 3-3　程序运行结果

例 3-1 中，在垂直布局的 LinearLayout 组件中嵌套了三个 LinearLayout，这三个 LinearLayout 的 layout_weight 属性值都为 1，那么这三个 LinearLayout 都会被拉伸到整个屏幕宽度的三分之一；如果 layout_weight 值为 0，那么组件会按原大小显示，不会被拉伸。

3.2.2　RelativeLayout(相对布局)

RelativeLayout 是一个按照组件之间的相对位置来布局的布局组件，RelativeLayout 中往往需要定义每一个组件的 ID。

当界面比较复杂时，如果使用 LinearLayout 组件，需要嵌套多层的 LinearLayout，这样就会降低界面的渲染速度，而且多层 LinearLayout 嵌套还会占用许多系统资源，有可能引发错误。但是，如果使用 RelativeLayout 组件，可能仅仅需要一层就可以完成了。RelativeLayout 组件的常用属性如表 3-2 所示。

表 3-2　RelativeLayout 组件的常用属性

属　性	说　明
layout_align(left, right, top, bottom)	组件对齐方式
layout_margin(left, right, top, bottom)	组件外边距
layout_centerVertical	以父容器为参考，垂直居中
layout_centerHorizontal	以父容器为参考，水平居中
layout_centerInParent	以父容器为参考，中央居中
layout_alignParent(left, right, top, bottom)	以父容器为参考的外边距

续表

属　　性	说　　明
layout_toLeftOf	在某个控件的左边
layout_toRightOf	在某个控件的右边
layout_above	在某个控件的上方
layout_below	在某个控件的下方
layout_alignRight	与某个控件右边对齐
layout_alignLeft	与某个控件左边对齐
layout_alignTop	与某个控件顶部对齐
layout_alignBottom	与某个控件底部对齐
layout_alignBaseline	与某个控件基准线对齐

RelativeLayout 组件有两种定位方式：一种是根据父容器定位，另一种是根据其他组件定位。两者有一个共同的特点是，都必须有一个参照物。根据父容器定位如图 3-4 所示，根据其他组件定位如图 3-5 所示。

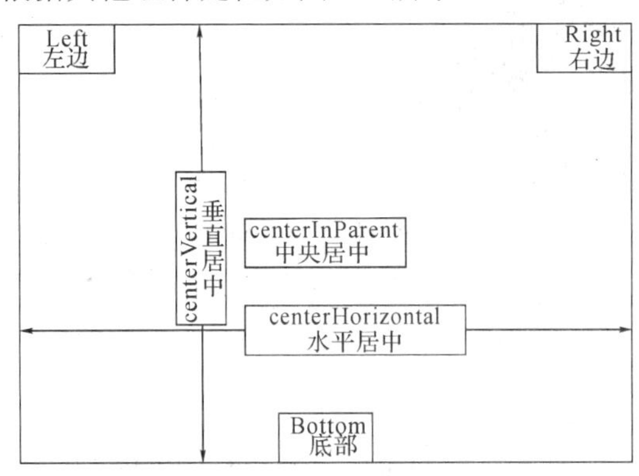

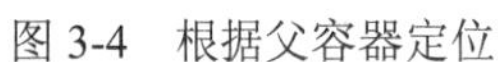

图 3-4　根据父容器定位

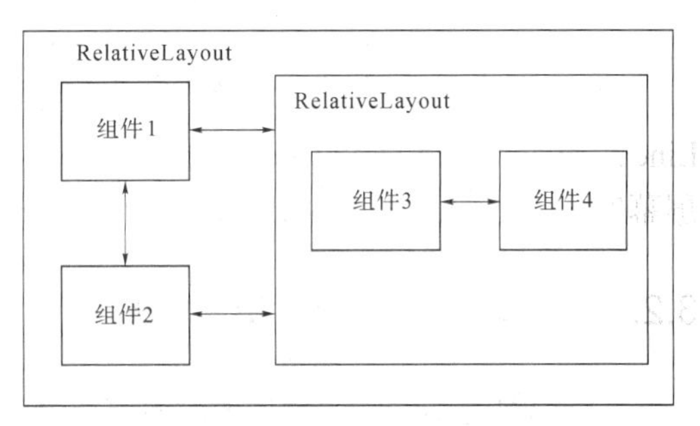

图 3-5　根据其他组件定位

下面通过一个例子来展示 RelativeLayout 组件的使用，如例 3-2 所示。

【例 3-2】 RelativeLayout 组件的使用。

创建一个 Android 项目，新建一个 Activity，在对应的 Layout 中使用 RelativeLayout 组件，实现两个按钮的相对布局排列，具体代码如下：

```
<?xml version="1.0" encoding="utf-8"?>
<RelativeLayout xmlns:android="http://schemas.android.com/apk/res/android"
    xmlns:tools="http://schemas.android.com/tools"
    android:layout_width="match_parent"
    android:layout_height="match_parent"
    tools:context=".MainActivity" >
    <Button
        android:id="@+id/center"
        android:layout_width="wrap_content"
```

```
        android:layout_height="wrap_content"
        android:layout_centerInParent="true"
        android:text="center"/>
    <Button
        android:layout_width="wrap_content"
        android:layout_height="wrap_content"
        android:layout_toRightOf="@id/center"
        android:layout_centerVertical="true"
        android:text="toRightOf"/>
</RelativeLayout>
```

程序运行结果如图 3-6 所示。

图 3-6　程序运行结果

在例 3-2 中用两个 Button(按钮)展示了在 RelativeLayout 中子控件的相对位置关系，第一个 Button 居中，第二个 Button 以第一个 Button 为参考，布局在其右侧。

3.2.3　TableLayout(表格布局)

TableLayout 适用于 N 行 N 列的布局格式。一个 TableLayout 由许多 TableRow 组成，一个 TableRow 就代表 TableLayout 中的一行。TableRow 是 LinearLayout 的子类，TablelLayout 并不需要明确地声明包含多少行、多少列，而是通过 TableRow 以及其他组件来控制表格的行数和列数。TableRow 也是容器，因此可以向 TableRow 里面添加其他组件，每添加一个组件，该表格就增加一列。如果在 TableLayout 里面添加组件，那么该组件就直接占用一行。在表格布局中，列的宽度由该列中最宽的单元格决定，整个表格布局的宽度取决于父容器的宽度(默认是占满父容器本身)。

TableLayout 继承了 LinearLayout，因此完全支持 LinearLayout 所支持的全部属性，除此之外，TableLayout 还有其特有的属性，如表 3-3 所示。

表 3-3　TableLayout 组件的特有属性

属　性	说　　明
collapseColumns	设置需要隐藏的列
shrinkColumns	设置被收缩的列
stretchColumns	设置允许被拉伸的列

下面通过一个例子来展示 TableLayout 组件的使用，如例 3-3 所示。

【例 3-3】 TableLayout 组件的使用。

创建一个 Android 项目，新建一个 Activity，在对应的 Layout 中使用 TableLayout 组件，具体代码如下：

```
<?xml version="1.0" encoding="utf-8"?>
<TableLayout xmlns:android="http://schemas.android.com/apk/res/android"
    xmlns:tools="http://schemas.android.com/tools"
    android:layout_width="match_parent"
    android:layout_height="match_parent"
    tools:context=".MainActivity" >
    <TableRow>
        <TextView
            android:gravity="center"
            android:padding="3dp"
            android:text="姓名" />
        <TextView
            android:gravity="center"
            android:padding="3dp"
            android:text="年龄" />
        <TextView
            android:gravity="center"
            android:padding="3dp"
            android:text="性别" />
        <TextView
            android:gravity="center"
            android:padding="3dp"
            android:text="电话" />
    </TableRow>
    <TableRow>
        <TextView
            android:gravity="center"
            android:padding="3dp"
            android:text="张三" />
```

```
    <TextView
        android:gravity="center"
        android:padding="3dp"
        android:text="18" />
    <TextView
        android:gravity="center"
        android:padding="3dp"
        android:text="男" />
    <TextView
        android:gravity="center"
        android:padding="3dp"
        android:text="10086" />
</TableRow>
<TableRow>
    <TextView
        android:gravity="center"
        android:padding="3dp"
        android:text="李四" />
    <TextView
        android:gravity="center"
        android:padding="3dp"
        android:text="19" />
    <TextView
        android:gravity="center"
        android:padding="3dp"
        android:text="男" />
    <TextView
        android:gravity="center"
        android:padding="3dp"
        android:text="1009832" />
</TableRow>
<TextView
    android:gravity="right"
    android:paddingRight="30dp"
    android:text="总计：1000" />
<TableRow >
    <TextView
        android:text="哈哈"/>
</TableRow>
```

```
</TableLayout>
```

程序运行结果如图 3-7 所示。

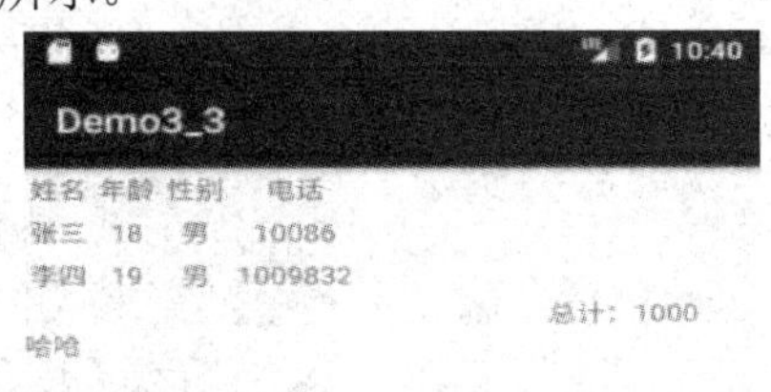

图 3-7　程序运行结果

在例 3-3 中用了四个 TableRow，也就是定义了四行的内容，在每一行中放置了不同的内容，在第四行前单独布局了一个 TextView 组件，该组件不属于任何行，但占用一行的位置。

3.2.4　FrameLayout(帧布局)

FrameLayout 是六种布局组件中最简单的一种，可以说成是层布局方式组件。在这个组件的布局中，整个界面被当成一块空白备用区域，所有的子元素都不能被指定位置，它们统统放于这块区域的左上角，并且后面的子元素直接覆盖在前面的子元素之上，将前面的子元素部分或全部遮挡。FrameLayout 组件的常用属性如表 3-4 所示。

表 3-4　FrameLayout 组件的常用属性

属　性	说　　明
foreground	设置该帧布局容器的前景图像
foregroundGravity	设置前景图像显示的位置

因为这种布局方式没有任何的定位方式，所以它应用的场景并不多。帧布局的大小由控件中最大的子控件决定，如果控件的大小一样，那么同一时刻就只能看到最上面的那个组件，后续添加的控件会覆盖前一个，默认会将控件放置在左上角，但是可以通过 layout_gravity 属性将其指定到其他的位置。下面通过一个例子来展示 FrameLayout 组件的使用，如例 3-4 所示。

【例 3-4】 FrameLayout 组件的使用。

创建一个 Android 项目，新建一个 Activity，在对应的 Layout 中使用 FrameLayout 组件，具体代码如下:

```
<?xml version="1.0" encoding="utf-8"?>
<FrameLayout xmlns:android="http://schemas.android.com/apk/res/android"
    xmlns:tools="http://schemas.android.com/tools"
    android:id="@+id/FrameLayout1"
    android:layout_width="match_parent"
    android:layout_height="match_parent"
    tools:context=".MainActivity"
    android:foreground="@drawable/logo"
    android:foregroundGravity="right|bottom">
    <TextView
        android:layout_width="200dp"
        android:layout_height="200dp"
        android:background="#FF6143" />
    <TextView
        android:layout_width="150dp"
        android:layout_height="150dp"
        android:background="#7BFE00" />
    <TextView
        android:layout_width="100dp"
        android:layout_height="100dp"
        android:background="#FFFF00" />
</FrameLayout>
```

程序运行结果如图 3-8 所示。

图 3-8　程序运行结果

例 3-4 中，在 Layout 中放置了三个 TextView 组件，后面的组件总会覆盖前面一个组件，通过 android:foreground = "@drawable/logo" 放置了一个前景图像，并通过 android:foregroundGravity = "right|bottom" 设置前景图像位于右下角。

3.2.5　GridLayout(网格布局)

GridLayout 是 Android 4.0 以后引入的一个新布局组件，以行列单元格的形式展示内部组件排列，可以实现类似计算器键盘的效果，也可以实现可自动变行的标签群效果，使用 GridLayout 可以有效地减少布局的深度，提高渲染速度。GridLayout 组件的常用属性如表 3-5 所示。

表 3-5　GridLayout 组件的常用属性

属　性	说　　明
orientation	设置组件的排列方式
layout_gravity	设置组件的对齐方式
rowCount	设置有多少行
columnCount	设置有多少列
layout_row	组件在第几行
layout_column	组件在第几列
layout_rowSpan	横跨几行
layout_columnSpan	横跨几列

使用 GridLayout 首先要定义组件的对齐方式，再定义组件所在的行和列。因为 GirdLayout 是 Android 4.0 后才推出的，所以需要使用高于 Android 4.0 的版本。下面通过一个例子来展示 GridLayout 组件的使用，如例 3-5 所示。

【例 3-5】 GridLayout 组件的使用。

创建一个 Android 项目，新建一个 Activity，在对应的 Layout 中使用 GridLayout 组件，模拟一个计算器键盘，具体代码如下：

```
<?xml version="1.0" encoding="utf-8"?>
<GridLayout xmlns:android="http://schemas.android.com/apk/res/android"
    xmlns:tools="http://schemas.android.com/tools"
    android:id="@+id/GridLayout1"
    android:layout_width="wrap_content"
    android:layout_height="wrap_content"
    android:columnCount="4"
    android:orientation="horizontal"
    android:rowCount="6" >
    <TextView
        android:layout_columnSpan="4"
        android:layout_gravity="fill"
        android:layout_marginLeft="5dp"
        android:layout_marginRight="5dp"
```

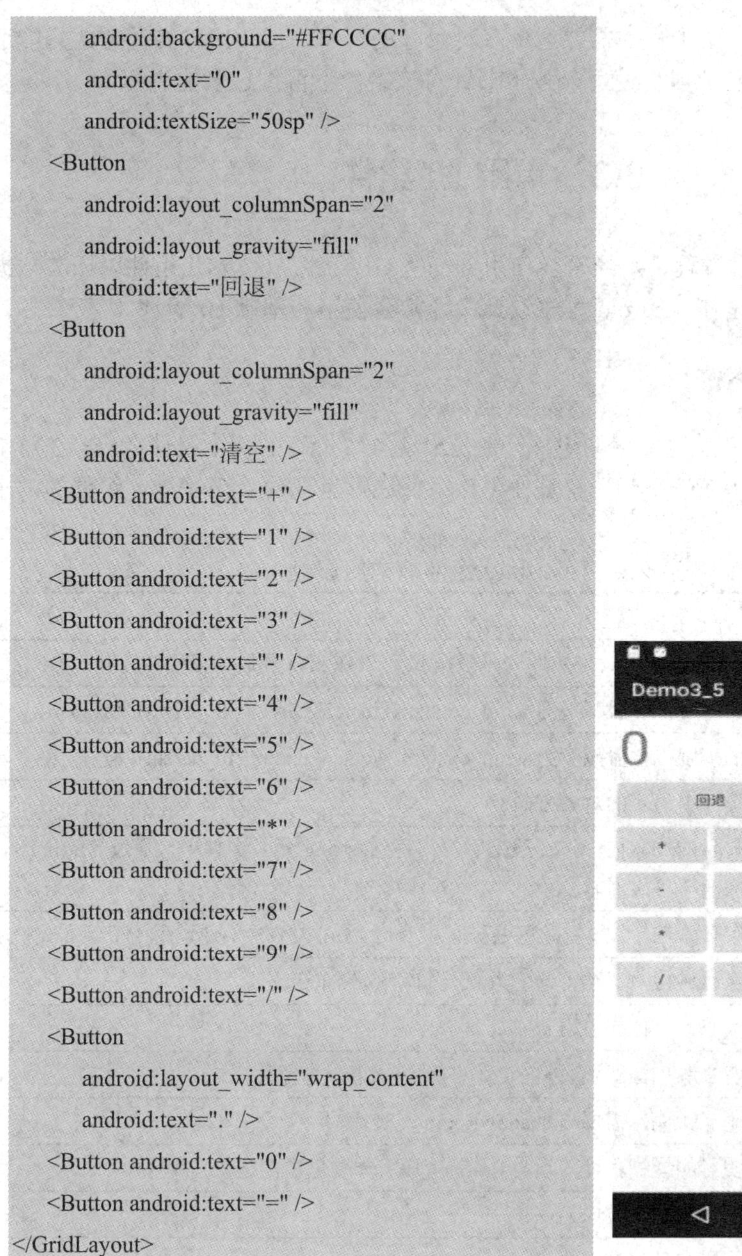

```
        android:background="#FFCCCC"
        android:text="0"
        android:textSize="50sp" />
    <Button
        android:layout_columnSpan="2"
        android:layout_gravity="fill"
        android:text="回退" />
    <Button
        android:layout_columnSpan="2"
        android:layout_gravity="fill"
        android:text="清空" />
    <Button android:text="+" />
    <Button android:text="1" />
    <Button android:text="2" />
    <Button android:text="3" />
    <Button android:text="-" />
    <Button android:text="4" />
    <Button android:text="5" />
    <Button android:text="6" />
    <Button android:text="*" />
    <Button android:text="7" />
    <Button android:text="8" />
    <Button android:text="9" />
    <Button android:text="/" />
    <Button
        android:layout_width="wrap_content"
        android:text="." />
    <Button android:text="0" />
    <Button android:text="=" />
</GridLayout>
```

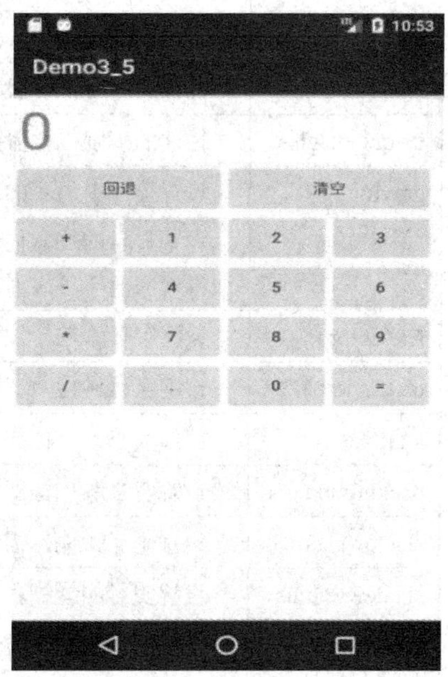

图 3-9　程序运行结果

程序运行结果如图 3-9 所示。

在例 3-5 中，“回退”与“清空”按钮横跨两列，其他组件都是占一行一列。需要注意：通过 android:layout_rowSpan 与 android:layout_columnSpan 设置了组件横跨多行或者多列后，如果要让组件填满横跨过的行或列，需要添加属性 android:layout_gravity = "fill"，如该例中的显示数字部分。

3.2.6 AbsoluteLayout(绝对布局)

前面已经介绍了 Android 中的五种布局组件，还有一种目前不推荐使用的布局组件，即 AbsoluteLayout 组件。由于程序需要适配多种尺寸的屏幕，但该组件布局方式只能适配指定尺寸的屏幕，在开发中很少使用，故本书针对该组件不再作过多的讲解。

3.3 常用 UI 组件

在 Android 程序开发过程中，经常会使用到一些 UI 组件，这些 UI 组件以 xml 数据格式存在。本小节介绍一些在 Android 程序设计中经常会使用的基础 UI 组件。

3.3.1 TextView(文本框)

TextView 是一个用来呈现文字的组件，也是出现频率最高的几个组件之一，在第 1 章中创建项目时看到的“Hello World”就是使用该组件进行呈现的。TextView 组件的常用属性如表 3-6 所示。

表 3-6　TextView 组件的常用属性

属 性	说　明
id	为 TextView 设置一个控件 id，根据 id 可以在 java 代码中操作该控件
layout_width	控件的宽度，一般赋值为 wrap_content、match_parent(fill_parent)或具体值
layout_height	控件的高度，一般赋值为 wrap_content、match_parent(fill_parent)或具体值
gravity	设置控件中内容的对齐方向
text	设置显示的文本内容，一般把字符串写到 string.xml 文件中，通过@String/xxx 取得对应的字符串内容
textColor	设置字体颜色，一般将颜色编码写在 colors.xml 文件中，通过引用资源方式引用
textStyle	设置字体风格，三个可选值为 normal、bold、italic
textSize	字体大小，单位一般用 sp
background	设置背景颜色，即填充整个控件的颜色，可以是图片
shadowColor	设置阴影颜色，需要与 shadowRadius 一起使用
shadowRadius	设置阴影的模糊程度，设为 0.1 就变成字体颜色了，建议使用 3.0
shadowDx	设置阴影在水平方向的偏移
shadowDy	设置阴影在竖直方向的偏移
autoLink	识别链接类型

下面通过一个例子来展示 TextView 组件的使用，如例 3-6 所示。

【例 3-6】 TextView 组件的使用。

创建一个 Android 项目，新建一个 Activity，在对应的 Layout 中使用 RelativeLayout 组件，并放置两个 TextView 组件，具体代码如下:

```
<?xml version="1.0" encoding="utf-8"?>
<RelativeLayout xmlns:android="http://schemas.android.com/apk/res/android"
    xmlns:tools="http://schemas.android.com/tools"
```

```
    android:layout_width="match_parent"
    android:layout_height="match_parent"
    tools:context=".MainActivity"
    android:gravity="center">
    <TextView
        android:id="@+id/txtOne"
        android:layout_width="300dp"
        android:layout_height="100dp"
        android:gravity="center"
        android:text="北京尚学堂科技有限公司"
        android:textColor="#FCF9F9"
        android:textStyle="bold"
        android:background="#673AB7"
        android:textSize="18sp" />
    <TextView
        android:id="@+id/txtTwo"
        android:layout_width="300dp"
        android:layout_height="100dp"
        android:layout_marginTop="20dp"
        android:gravity="center"
        android:layout_below="@id/txtOne"
        android:text="IT 实战培训"
        android:textColor="#FCF9F9"
        android:textStyle="bold"
        android:background="#673AB7"
        android:textSize="18sp" />
</RelativeLayout>
```

程序运行结果如图 3-10 所示。

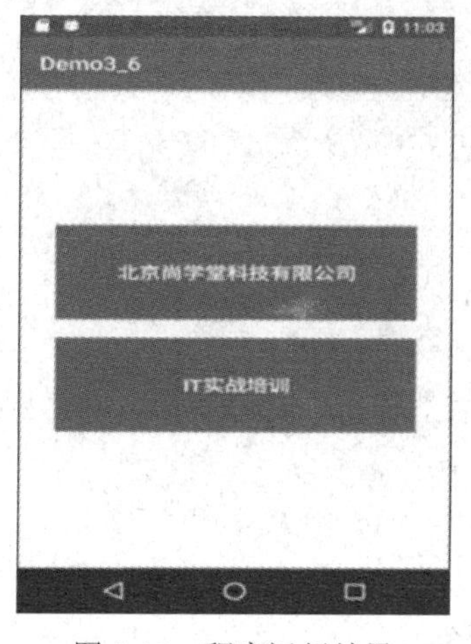

图 3-10　程序运行结果

在例 3-6 中可以看到，在 TextView 标签中使用了 textSize 属性，该属性用来调节文字显示的大小。TextView 直接继承自 View，并且接下来要讲解的 Button、EditText 都是 TextView 的子类。TextView 组件的属性可以在 Layout 中采用 xml 的方式设置，也可以直接在 Activity 中采用 java 代码进行设置，两者相互对应。

3.3.2　EditText (输入框)

EditText 继承自 TextView，是用来获取用户输入文本信息的组件。因为继承自 TextView，所以 EditText 还是一个可以进行编辑的 TextView。在使用该组件时，一般会先指定用户输入的行数、输入内容的类型、字体外观等信息。如需要获取输入的内容，可以在 Activity 中使用 getText()方法获取，获取到的是一个 Editable 对象。

因为 EditText 继承自 TextView，所以 EditText 的属性与 TextView 基本一致。EditText 还有几个常用的特有属性，如表 3-7 所示。

表 3-7　EditText 组件的特有属性

属 性	说　明
imeOptions	设置软键盘的【Enter】键
inputType	设置显示文本的类型(详细类型请查阅 API)
ems	设置 TextView 的宽度为 N 个字符的宽度
maxLength	限制可输入的字符数
hint	在输入内容为空时显示提示的内容

下面通过一个例子来展示 EditText 组件的使用，如例 3-7 所示。

【例 3-7】 EditText 组件的使用。

创建一个 Android 项目，新建一个 Activity，在对应的 Layout 中使用 LinearLayout 组件，并放置一个 EditText 组件，指定 inputType 属性为 textPassword，具体代码如下:

```
<?xml version="1.0" encoding="utf-8"?>
<LinearLayout xmlns:android="http://schemas.android.com/apk/res/android"
    android:orientation="vertical"
    android:layout_width="match_parent"
    android:layout_height="match_parent">
    <EditText
        android:layout_width="wrap_content"
        android:layout_height="wrap_content"
        android:ems="10"
        android:hint="请输入密码"
        android:singleLine="true"
        android:inputType="textPassword"/>
</LinearLayout>
```

程序运行结果如图 3-11 所示。

图 3-11　程序运行结果

在例 3-7 中，设置显示的输入区域是 10 个字符的长度，在没有内容时提示“请输入密码”，输入内容以单行显示，并且输入的内容以密文方式显示。

3.3.3　Button(按钮)

Button 呈现的效果是按钮，同样继承自 TextView，并且自身还有几个子类，如 CheckBox、RadioButton、Switch 等。按钮组件在开发中应用广泛，用来响应用户的点击事件。

使用 Button 时，一般需设置按钮的 id，用于在其他组件或 Activity 中引用，代码如下：

```
<LinearLayout xmlns:android="http://schemas.android.com/apk/res/android"
    android:orientation="vertical"
    android:layout_width="match_parent"
    android:layout_height="match_parent">
    <Button
        android:id="@+id/btn"
        android:layout_width="wrap_content"
        android:layout_height="wrap_content"
        android:text="按钮"/>
</LinearLayout>
```

在 Activity 中，Button 组件可以使用 setOnClickListener(lisener)方法来响应点击事件，Button 在使用前需要进行初始化，代码如下：

```
public class MainActivity extends AppCompatActivity {
    @Override
    protected void onCreate(Bundle savedInstanceState) {
        super.onCreate(savedInstanceState);
        setContentView(R.layout.activity_main);
        //初始化 Button 按钮
        Button btn = (Button) findViewById(R.id.btn);
```

```
        //添加点击事件
        btn.setOnClickListener(new View.OnClickListener() {
            @Override
            public void onClick(View v) {
            }
        });
    }
}
```

下面通过一个例子来展示 Button 组件的使用，如例 3-8 所示。

【例 3-8】 Button 组件的使用。

创建一个 Android 项目，新建一个 Activity，在对应的 Layout 中使用 LinearLayout 组件，并放置一个 Button 组件、一个 TextView 组件，实现点击 Button 动态修 TextView 组件的 text 属性，具体代码如下。

activity_main.xml 文件：

```
<?xml version="1.0" encoding="utf-8"?>
<LinearLayout xmlns:android="http://schemas.android.com/apk/res/android"
    android:orientation="vertical"
    android:layout_width="match_parent"
    android:layout_height="match_parent">
    <Button
        android:id="@+id/btn"
        android:layout_width="wrap_content"
        android:layout_height="wrap_content"
        android:text="按钮"/>
    <TextView
        android:id="@+id/txtOne"
        android:layout_width="300dp"
        android:layout_height="30dp"
        android:gravity="center"
        android:text="北京尚学堂科技有限公司"
        android:textColor="#000000"
        android:textStyle="bold"
        android:textSize="18sp" />
</LinearLayout>
```

MainActivity.java 文件：

```
public class MainActivity extends AppCompatActivity {
    @Override
    protected void onCreate(Bundle savedInstanceState) {
        super.onCreate(savedInstanceState);
        setContentView(R.layout.activity_main);
```

```
        //初始化 Button 按钮
        Button btn = (Button) findViewById(R.id.btn);
        //添加点击事件
        btn.setOnClickListener(new View.OnClickListener() {
            TextView txtv=(TextView)findViewById(R.id.txtOne);
            @Override
            public void onClick(View v) {
                txtv.setText("IT 实战培训");
            }
        });
    }
}
```

程序运行结果如图 3-12 所示。

图 3-12　程序运行结果

3.3.4　ImageView(图像视图)

如果需要在页面中显示图片，除了可以使用 TextView 组件定义其背景外，Android 中还有一个专门用来呈现图片的组件，即 ImageView 组件。可以通过在 Layout 中操作 android:src="@mipmap/xxx"属性或者在 Activity 中使用 setImageResource(R.mipmap.xxx)方法来设置需要显示的图片。下面通过一个例子来展示 ImageView 组件的使用，如例 3-9 所示。

【例 3-9】 ImageView 组件的使用。

创建一个 Android 项目，新建一个 Activity，在对应的 Layout 中使用 LinearLayout 组件，并放置一个 ImageView 组件，通过 src 属性指定要显示的图片，具体代码如下：

```
<?xml version="1.0" encoding="utf-8"?>
```

```
<LinearLayout xmlns:android="http://schemas.android.com/apk/res/android"
    android:orientation="vertical"
    android:layout_width="match_parent"
    android:layout_height="match_parent">
    <ImageView
        android:id="@+id/iv"
        android:layout_width="wrap_content"
        android:layout_height="wrap_content"
        android:src="@drawable/logo"/>
</LinearLayout>
```

程序运行结果如图 3-13 所示。

图 3-13　程序运行结果

例 3-9 中，在 Layout 中使用 src 属性给 ImageView 组件指定了一张图片。当然，也可以在 Activity 中动态更改 ImageView 组件里的图片，如例 3-10 所示。

【例 3-10】 ImageView 组件的使用。

创建一个 Android 项目，新建一个 Activity，在对应的 Layout 中使用 LinearLayout 组件，并放置一个 ImageView 组件，在 Activity 中通过调用 setImageResource()方法动态指定要显示的图片，具体代码如下。

activity_main.xml 文件：

```
<?xml version="1.0" encoding="utf-8"?>
<LinearLayout xmlns:android="http://schemas.android.com/apk/res/android"
    android:orientation="vertical"
    android:layout_width="match_parent"
    android:layout_height="match_parent">
    <ImageView
        android:id="@+id/iv"
```

```
        android:layout_width="wrap_content"
        android:layout_height="wrap_content"
        android:paddingTop="100dp"
        android:src="@drawable/logo"/>
</LinearLayout>
```

MainActivity.java 文件：

```
public class MainActivity extends AppCompatActivity {
    private ImageView iv;
    @Override
    protected void onCreate(Bundle savedInstanceState) {
        super.onCreate(savedInstanceState);
        setContentView(R.layout.activity_main);
        iv = (ImageView) findViewById(R.id.iv);
        iv.setOnClickListener(new View.OnClickListener() {
            @Override
            public void onClick(View v) {
                switch (v.getId()){
                    case R.id.iv:
                        //修改图片的背景
                        iv.setImageResource(R.drawable.logo2);
                        break;
                }
            }
        });
    }
}
```

程序运行结果如图 3-14 所示。

图 3-14　程序运行结果

例 3-10 中，点击图片，通过调用 setImageResource()方法，修改显示的图片为 logo2.png。

如果图片的大小需要根据 ImageView 组件的宽和高进行缩放，则需要用到 ImageView 的 scaleType 属性，也可以在 Activity 中调用 setScaleType()方法进行设置。scaleType 的属性如表 3-8 所示。

表 3-8　scaleType 的属性

属 性	说　明
matrix	用矩阵来绘制(从左上角开始的矩阵区域)
fitXY	把图片不按照比例地扩大/缩小到 View 的宽度，显示到 View 的上部分位置(确保图片完全呈现并且充满 View)
fitStart	把图片按照比例扩大/缩小到 View 的宽度，显示到 View 的上部分位置(确保图片完全呈现)
fitCenter	把图片按照比例扩大/缩小到 View 的宽度，显示到 View 的居中位置(确保图片完全呈现)
fitEnd	把图片按照比例扩大/缩小到 View 的宽度，显示到 View 的下部分位置(确保图片完全呈现)
center	按照图片原来的尺寸居中显示，当图片宽度超过 View 的宽度时，截取居中的部分显示；当图片宽度小于 View 的宽度时，图片居中显示
centerCrop	按比例扩大/缩小图片，居中显示，并且充满 View
centerInside	将图片内容完整地居中显示，当图片宽度超过 View 的宽度时，按比例缩小显示；当图片宽度小于 View 的宽度时，原图居中显示

3.3.5　RadioButton(单选按钮)

在使用 RadioButton 时，需要把 RadioButton 放到 RadioGroup 按钮组中。RadioGroup 是一个可以容纳多个 RadioButton 的容器，但同时有且仅有一个可以被选中，同一组中的单选按钮有互斥效果。使用 RadioButton 的一般步骤如下：

(1) 在 Layout 中定义 RadioGroup；

(2) 在 RadioGroup 中添加 RadioButton(至少两个)；

(3) 在 Activity 中获取 RadioButton；

(4) 为 RadioGroup 添加监听器，实现 OnCheckedChangeListener 接口。

下面通过一个例子来展示 RadioButton 组件的使用，如例 3-11 所示。

【例 3-11】 RadioButton 组件的使用。

创建一个 Android 项目，新建一个 Activity，在对应的 Layout 中使用 LinearLayout 组件，放置一个 RadioGroup 组件，在 RadioGroup 中放置两个 RadioButton 组件，在 Activity 中为 RadioGroup 添加监听器，具体代码如下。

activity_main.xml 文件：

```
<?xml version="1.0" encoding="utf-8"?>
<LinearLayout xmlns:android="http://schemas.android.com/apk/res/android"
```

```
    android:layout_width="match_parent"
    android:layout_height="match_parent"
    android:orientation="vertical" >
    <TextView
        android:layout_width="wrap_content"
        android:layout_height="wrap_content"
        android:text="请选择性别" />
    <RadioGroup
        android:id="@+id/rg_sex"
        android:layout_width="match_parent"
        android:layout_height="wrap_content"
        android:orientation="horizontal" >
        <RadioButton
            android:id="@+id/rb_Male"
            android:layout_width="wrap_content"
            android:layout_height="wrap_content"
            android:text="男" />
        <RadioButton
            android:id="@+id/rb_FeMale"
            android:layout_width="wrap_content"
            android:layout_height="wrap_content"
            android:text="女" />
    </RadioGroup>
</LinearLayout>
```

MainActivity.java 文件：

```
public class MainActivity extends AppCompatActivity {
    private RadioGroup rg;
    private RadioButton rb_Male, rb_Female;
    @Override
    protected void onCreate(Bundle savedInstanceState) {
        super.onCreate(savedInstanceState);
        setContentView(R.layout.activity_main);
        rg = (RadioGroup) findViewById(R.id.rg_sex);
        rb_Male = (RadioButton) findViewById(R.id.rb_Male);
        rb_Female = (RadioButton) findViewById(R.id.rb_FeMale);
        //注意是给 RadioGroup 绑定监视器
        rg.setOnCheckedChangeListener(new MyRadioButtonListener() );
    }
    class MyRadioButtonListener implements OnCheckedChangeListener {
        @Override
```

```
        public void onCheckedChanged(RadioGroup group, int checkedId) {
            // 选中状态改变时被触发
            switch (checkedId) {
                case R.id.rb_FeMale:
                    // 当用户选择女性时
                    Log.i("sex", "当前用户选择"+rb_Female.getText().toString());
                    break;
                case R.id.rb_Male:
                    // 当用户选择男性时
                    Log.i("sex", "当前用户选择"+rb_Male.getText().toString());
                    break;
            }
        }
    }
}
```

程序运行结果如图 3-15 所示。

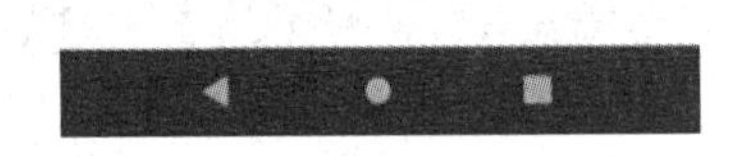

图 3-15　程序运行结果

3.3.6　CheckBox(复选框)

CheckBox 组件用于同时选中多个选项，它有两种状态：选中状态(true)和未选中状态(false)。用属性 checked 表示当前状态，默认 checked 属性为 false。下面通过一个例子来展示 CheckBox 组件的使用，如例 3-12 所示。

【例 3-12】 CheckBox 组件的使用。

创建一个 Android 项目，新建一个 Activity，在对应的 Layout 中使用 LinearLayout 组件，

放置五个 CheckBox 组件、两个 TextView 组件、一个 Button 组件，在 Activity 中给五个 CheckBox 组件绑定监听器，并定义一个 Map 对象，通过 CheckBox 的 onCheckedChanged 事件动态修改 Map 对象，最后将 Map 对象中的数据赋值给 TextView 组件的 text 属性，具体代码如下。

activity_main.xml 文件：

```
<?xml version="1.0" encoding="utf-8"?>
<LinearLayout xmlns:android="http://schemas.android.com/apk/res/android"
    android:orientation="vertical"
    android:layout_width="fill_parent"
    android:layout_height="fill_parent">
    <TextView
        android:layout_width="fill_parent"
        android:layout_height="wrap_content"
        android:text="选择你喜欢的课程"
        />
    <CheckBox android:text="JavaEE"
        android:id="@+id/CheckBox01"
        android:layout_width="wrap_content"
        android:layout_height="wrap_content"/>
    <CheckBox android:text="大数据"
        android:id="@+id/CheckBox02"
        android:layout_width="wrap_content"
        android:layout_height="wrap_content"/>
    <CheckBox android:text="人工智能"
        android:id="@+id/CheckBox03"
        android:layout_width="wrap_content"
        android:layout_height="wrap_content"/>
    <CheckBox android:text="WEB 前端"
        android:id="@+id/CheckBox04"
        android:layout_width="wrap_content"
        android:layout_height="wrap_content"/>
    <CheckBox android:text="软件测试"
        android:id="@+id/CheckBox05"
        android:layout_width="wrap_content"
        android:layout_height="wrap_content"/>
    <Button android:id="@+id/Button01"
        android:text="确定"
        android:layout_width="wrap_content"
        android:layout_height="wrap_content"/>
    <TextView
```

```
        android:id="@+id/textView1"
        android:layout_width="wrap_content"
        android:layout_height="wrap_content"
        android:text="" />
</LinearLayout>
```

MainActivity.java 文件：

```
public class MainActivity extends Activity implements OnCheckedChangeListener {
    private CheckBox cb1，cb2，cb3，cb4，cb5;
    private TextView textView;
    private Button btn;
    private Map<String, String> like = new HashMap<String, String>();
    @Override
    protected void onCreate(Bundle savedInstanceState) {
        super.onCreate(savedInstanceState);
        setContentView(R.layout.activity_main);
        // 获取控件
        cb1 = (CheckBox) findViewById(R.id.CheckBox01);
        cb2 = (CheckBox) findViewById(R.id.CheckBox02);
        cb3 = (CheckBox) findViewById(R.id.CheckBox03);
        cb4 = (CheckBox) findViewById(R.id.CheckBox04);
        cb5 = (CheckBox) findViewById(R.id.CheckBox05);
        btn=(Button) findViewById(R.id.Button01);
        textView = (TextView) findViewById(R.id.textView1);
        // 绑定事件
        cb1.setOnCheckedChangeListener(this);
        cb2.setOnCheckedChangeListener(this);
        cb3.setOnCheckedChangeListener(this);
        cb4.setOnCheckedChangeListener(this);
        cb5.setOnCheckedChangeListener(this);
        btn.setOnClickListener(new View.OnClickListener() {
            @Override
            public void onClick(View v) {
                show(v);
            }
        });
    }
    @Override
    public void onCheckedChanged(CompoundButton checkBox, boolean checked) {
        // TODO Auto-generated method stub
        switch (checkBox.getId()) {
```

```
            case R.id.CheckBox01:
                if (checked) {
                    like.put("java", "JaveEE");
                }else{
                    like.remove("java");
                }
                break;
            case R.id.CheckBox02:
                if (checked) {
                    like.put("bigdata", "大数据");
                }else{
                    like.remove("bigdata");
                }
                break;
            case R.id.CheckBox03:
                if (checked) {
                    like.put("ai", "人工智能");
                }else{
                    like.remove("ai");
                }
                break;
            case R.id.CheckBox04:
                if (checked) {
                    like.put("h5", "WEB 前端");
                }else{
                    like.remove("h5");
                }
                break;
            case R.id.CheckBox05:
                if (checked) {
                    like.put("test", "软件测试");
                }else{
                    like.remove("test");
                }
                break;
            default:
                break;
        }
    }
    public void show(View v) {
```

```
        StringBuilder sb = new StringBuilder();
        String ret = "喜欢的课程是:";
        if (like.size() == 0) {
            String no = "没有喜欢的课程!";
            textView.setText(no.toString());
        } else {
            sb.append(ret);
            for (String key : like.keySet()) {
                sb.append(like.get(key) + "\t");
            }
            textView.setText(sb.toString());
        }
    }
}
```

程序运行结果如图 3-16 所示。

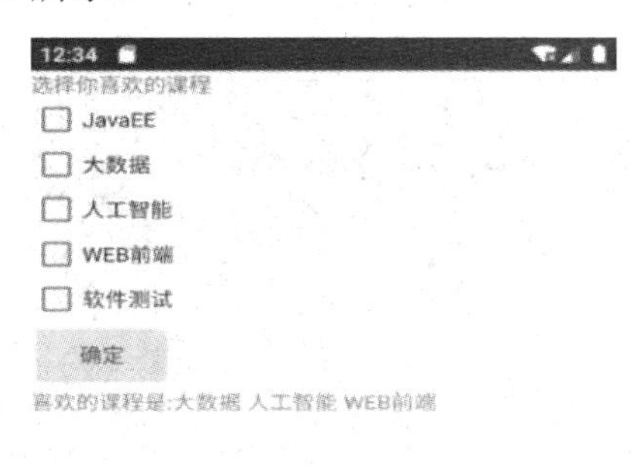

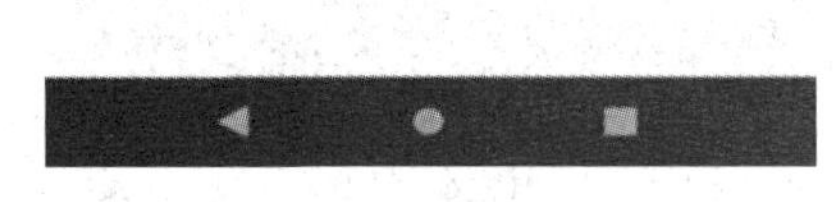

图 3-16　程序运行结果

3.3.7　ProgressBar(进度条)

ProgressBar 组件的应用场景有很多。例如：用户登录时，后台发送请求，等待服务器返回验证信息，这个时候会用到进度条；在进行一些比较耗时的操作时，需要等待一段较长的时间，这个时候如果没有提示，用户可能会以为程序终止或者手机死机，这样会大大降低用户的体验，所以需要在进行耗时操作的地方添加进度条，让用户知道当前的程序在执行中，也可以直观地告诉用户当前任务的执行进度等。ProgressBar 组件的常用属性如表 3-9 所示。

表 3-9　ProgressBar 组件的常用属性

属 性	说　　明
max	进度条的最大值
progress	进度条已完成进度值
progressDrawable	设置对应的 Drawable 对象
indeterminate	如果设置成 true，则进度条不精确显示进度
indeterminateDrawable	设置不显示进度条的 Drawable 对象
indeterminateDuration	设置不精确显示进度条的持续时间
secondaryProgress	二级进度条，类似于视频播放，一条是当前播放进度，一条是缓冲进度，前者通过 progress 属性进行设置
style	进度条样式，默认有四种样式：progressBarStyleHorizontal、progressBarStyleLarge、progressBarStyleSmall、progressBarStyleSmallTitle

下面通过一个例子来展示 ProgressBar 组件的使用，如例 3-13 所示。

【例 3-13】 ProgressBar 组件的使用。

创建一个 Android 项目，新建一个 Activity，在对应的 Layout 中使用 LinearLayout 组件，放置五个 ProgressBar 组件，具体代码如下：

```
<?xml version="1.0" encoding="utf-8"?>
<LinearLayout xmlns:android="http://schemas.android.com/apk/res/android"
    xmlns:tools="http://schemas.android.com/tools"
    android:layout_width="match_parent"
    android:layout_height="match_parent"
    android:orientation="vertical"
    tools:context=".MainActivity">
    <ProgressBar
        style="@android:style/Widget.ProgressBar.Small"
        android:layout_width="wrap_content"
        android:layout_height="wrap_content" />
    <ProgressBar
        android:layout_width="wrap_content"
        android:layout_height="wrap_content" />
    <ProgressBar
        style="@android:style/Widget.ProgressBar.Large"
        android:layout_width="wrap_content"
        android:layout_height="wrap_content" />
    <ProgressBar
        style="@android:style/Widget.ProgressBar.Horizontal"
        android:layout_width="match_parent"
        android:layout_height="wrap_content"
```

```
        android:max="100"
        android:progress="18" />
    <ProgressBar
        style="@android:style/Widget.ProgressBar.Horizontal"
        android:layout_width="match_parent"
        android:layout_height="wrap_content"
        android:layout_marginTop="10dp"
        android:indeterminate="true" />
</LinearLayout>
```

程序运行结果如图 3-17 所示。

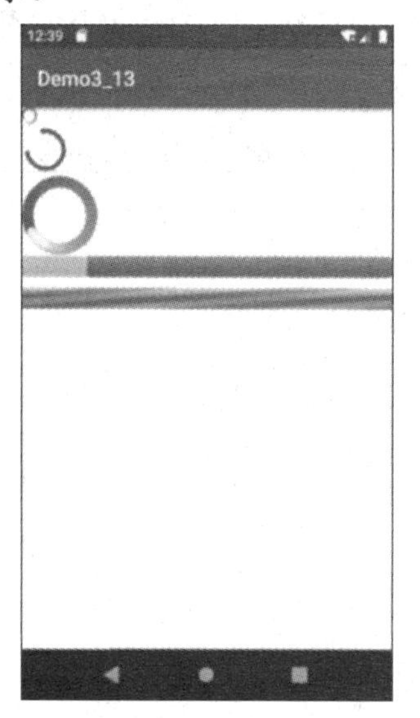

图 3-17　程序运行结果

习　题

1. 简述 margin 与 padding 的区别。
2. 设计程序，使用 LinearLayout 组件模拟计算器键盘。
3. 设计程序，实现通过 Button 动态修改 TextView 的 text。
4. 设计程序，在 Activity 中动态修改 ProgressBar 的 progress。

第 4 章　AdapterView 组件

AdapterView 组件即适配器组件，是开发中常用的组件，它是一个抽象类，在开发中一般使用其子类，常用子类组件包括 ListView、GridView、Spinner 等，通常统称为 AdapterView 组件。AdapterView 组件在使用过程中一般需要配合 Adapte 组件。Adapter 组件是用来帮助填充 AdapterView 数据的中间桥梁，可将数据以合适的形式显示到 AdapterView 中。本章主要介绍常用的 AdapterView 组件及其与 Adapter 的配合使用方法以及 RecylerView 组件的使用方法。

4.1　AdapterView 简介

AdapterView 是一组组件，由于其都是派生自 AdapterView 抽象类，且在用法上十分相似，只是显示界面有一定的区别，因此把它们归为一类。AdapterView 组件有如下特征：

(1) AdapterView 继承了 ViewGroup 类，它的本质是容器。

(2) AdapterView 可以包括多个“列表项”，并将多个“列表项”以合适的形式显示出来。

(3) AdapterView 显示的多个“列表项”由 Adapter 提供，通过调用 AdapterView 的 setAdapter(Adapter)方法实现。

AdapterView 组件的继承关系如图 4-1 所示。

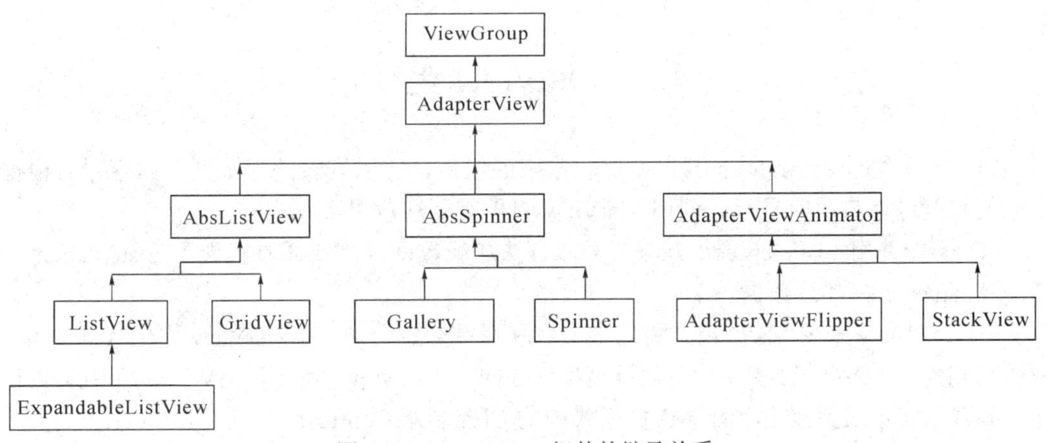

图 4-1　AdapterView 组件的继承关系

4.2　Adapter 简介

Adapter 称为适配器，可以为 AdapterView 组件提供数据，相当于一个数据源， Adapter

通过 AdapterView 组件的 setAdapter()方法绑定到 AdapterView 组件。Adapter 本身是一个接口，在程序设计中一般不直接使用，而是使用其子接口或子类。Adapter 组件的继承关系如图 4-2 所示。

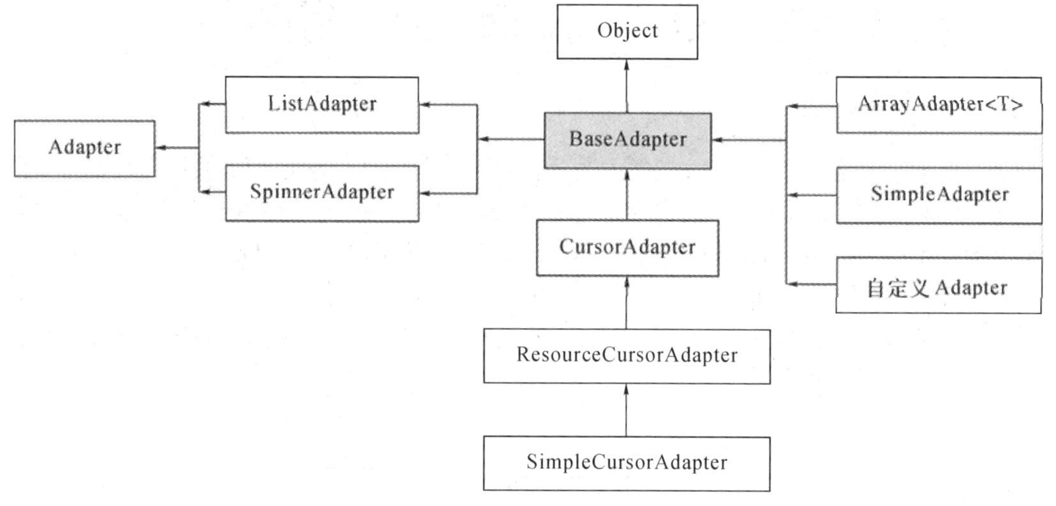

图 4-2　Adapter 组件的继承关系

在 Adapter 的继承关系中，接口 ListAdapter 继承自 Adapter，其中定义了一些为 ListView、GridView 和 ExpandableListView 组件提供数据的方法；SpinnerAdapter 也继承自 Adapter，其中定义了一些为 Gallery、Spinner 和 AppCompatSpinner 组件提供数据的方法；BaseAdapter 类是一个抽象类，实际开发中一般会继承这个类并且重写相关方法，使用频率较高；ArrayAdapter 类支持泛型操作，是最简单的一个 Adapter 类，只能展现一行文字；SimpleAdapter 类同样具有良好的扩展性，可以自定义多种效果；SimpleCursorAdapter 类用于显示简单文本类型的 ListView，一般与数据库结合使用，不过有点过时，不推荐使用。

4.3　ListView 组件

ListView 组件是 Android 开发中比较常用的组件，它以列表的形式展示内容，可根据数据的长度进行自适应显示。使用 ListView 组件需要注意以下几点：

(1) 不能使用 ListView.add 方法或类似方法加载数据，需要通过实现了 ListAdapter 接口的 Adapter 对象加载数据。

(2) ListView 采用 MVC 模式将前端显示和后端数据分离，为 ListView 提供数据的 List 或数组相当于 MVC 模式中的 M(数据模型 Model)，ListView 相当于 MVC 模式中的 V(视图 View)，Adapter 对象相当于 MVC 模式中的 C(控制器 Control)。

ListView 在开始绘制时，系统首先调用 getCount()方法，根据其返回值得到 ListView 的长度，然后根据这个长度，调用 getView()方法，一行一行地绘制 ListView 中的每一项。当 ListView 中的每一项将要显示时，将调用 Adapter 的 getView()方法返回一个 View。ListView 中有多少项，就调用多少次 getView()方法去创建每一项的 View，这一过程是耗时操作。ListView 组件的常用属性如表 4-1 所示。

表 4-1　ListView 组件的常用属性

属　性	说　　明
divider	在列表条目之间显示的 drawable 或 color
dividerHeight	用来指定 divider 的高度
entries	构成 ListView 的数组资源的引用。对于某些固定的资源，这个属性提供了比在程序中添加资源更加简便的方式
footerDividersEnabled	当设为 false 时，ListView 将不会在各个 footer 之间绘制 divider，默认为 true
headerDividersEnabled	当设为 false 时，ListView 将不会在各个 header 之间绘制 divider，默认为 true

4.4　使用自定义 Adapter 填充 ListView 组件

ArrayAdapter 和 SimpleAdapter 都继承了 BaseAdapter。BaseAdapter 是 Android 适配器的基类，它是一个抽象的类，实现了 ListAdapter 和 SpinnerAdapter 两个接口。当系统提供的适配器组件无法满足需要时，可以使用自定义 Adapter 的方式。

一般自定义 Adapter 都继承自 BaseAdapter，并在自定义 Adapter 中实现 getCount()、getItem()、getItemId()和 getView()方法。getView()方法是自定义 Adapter 中最重要的方法，这个方法在每一个子项被滚动到屏幕内时调用。在 getView()方法中，首先通过 getCount()方法得到当前列表项的总个数，然后通过 inflate()加载子项的布局。

通过继承 BaseAdapter 抽象类自定义 Adapter，是 Adapter 最灵活的使用方式。下面通过一个例子来展示通过自定义 Adapter 填充 ListView 数据项，如例 4-1 所示。

【例 4-1】 通过自定义 Adapter 填充 ListView 数据项。

创建一个 Android 项目，新建一个活动，在布局中放置 ListView 组件，自定义 CourseAdapter 继承自 BaseAdapter，并通过 CourseAdapter 填充 ListView 组件，具体代码如下。

activity_main.xml 文件：

```
<?xml version="1.0" encoding="utf-8"?>
<RelativeLayout xmlns:android="http://schemas.android.com/apk/res/android"
    xmlns:tools="http://schemas.android.com/tools"
    android:layout_width="match_parent"
    android:layout_height="match_parent">
        <TextView
            android:id="@+id/title"
            android:layout_width="match_parent"
            android:layout_height="wrap_content"
            android:text="北京尚学堂开设课程：" />
        <ListView
            android:id="@+id/list_course"
```

```
            android:layout_width="match_parent"
            android:layout_height="match_parent"
            android:layout_below="@+id/title">
        </ListView>
    </RelativeLayout>
```

item_list_course.xml 文件：

```
<?xml version="1.0" encoding="utf-8"?>
<LinearLayout xmlns:android="http://schemas.android.com/apk/res/android"
    android:orientation="horizontal"
    android:layout_width="match_parent"
    android:layout_height="match_parent">
    <ImageView
        android:id="@+id/img_icon"
        android:layout_width="64dp"
        android:layout_height="64dp"
        android:paddingLeft="8dp" />
    <LinearLayout
        android:layout_width="match_parent"
        android:layout_height="wrap_content"
        android:orientation="vertical">
        <TextView
            android:id="@+id/txt_cName"
            android:layout_width="wrap_content"
            android:layout_height="wrap_content"
            android:paddingLeft="8dp" />
        <TextView
            android:id="@+id/txt_cDescription"
            android:layout_width="wrap_content"
            android:layout_height="wrap_content"
            android:paddingLeft="8dp" />
    </LinearLayout>
</LinearLayout>
```

Course.java 文件：

```
public class Course {
    private String cName;
    private String cDescription;
    private int cIcon;
    public Course(){
```

```
    }
    public Course(String cName, String cDescription, int cIcon) {
        this.cName = cName;
        this.cDescription = cDescription;
        this.cIcon = cIcon;
    }
    public String getcName() {
        return cName;
    }
    public String getcDescription() {
        return cDescription;
    }
    public int getcIcon() {
        return cIcon;
    }
}
```

CourseAdapter.java 文件：

```
public class CourseAdapter extends BaseAdapter {
    private LinkedList<Course> mData;
    private Context mContext;
    public CourseAdapter(LinkedList<Course> mData, Context mContext) {
        this.mData = mData;
        this.mContext = mContext;
    }
    @Override
    public int getCount() {
        return mData.size();
    }
    @Override
    public Object getItem(int i) {
        return null;
    }
    @Override
    public long getItemId(int position) {
        return position;
    }
    @Override
    public View getView(int position, View convertView, ViewGroup parent) {
```

```
        convertView = LayoutInflater.from(mContext).inflate(R.layout.item_list_course, parent, false);
        ImageView img_icon = (ImageView) convertView.findViewById(R.id.img_icon);
        TextView txt_cName = (TextView) convertView.findViewById(R.id.txt_cName);
        TextView txt_cDescription = (TextView) convertView.findViewById(R.id.txt_cDescription);
        img_icon.setBackgroundResource(mData.get(position).getcIcon());
        txt_cName.setText(mData.get(position).getcName());
        txt_cDescription.setText(mData.get(position).getcDescription());
        return convertView;
    }
}
```

MainActivity.java 文件：

```
public class MainActivity extends AppCompatActivity {
    private List<Course> mData = null;
    private Context mContext;
    private CourseAdapter mAdapter = null;
    private ListView list_course;
    @Override
    protected void onCreate(Bundle savedInstanceState) {
        super.onCreate(savedInstanceState);
        setContentView(R.layout.activity_main);
        initView();
    }
    private void initView(){
        mContext = MainActivity.this;
        list_course = findViewById(R.id.list_course);
        mData = new LinkedList<Course>();
        initData(mData);
        mAdapter = new CourseAdapter((LinkedList<Course>)mData, mContext);
        list_course.setAdapter(mAdapter);
    }
    private void initData(List<Course> mData){
        mData.add(new Course("Java", "JavaEE", R.mipmap.ic_launcher));
        mData.add(new Course("BigData", "大数据", R.mipmap.ic_launcher));
        mData.add(new Course("H5", "前端", R.mipmap.ic_launcher));
        mData.add(new Course("AI", "人工智能", R.mipmap.ic_launcher));
    }
}
```

程序运行结果如图 4-3 所示。

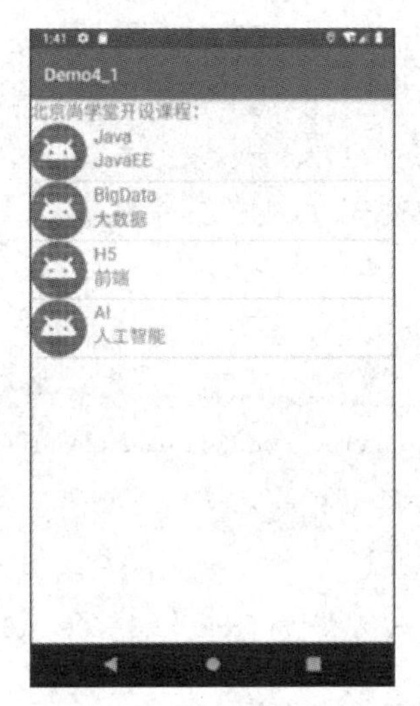

图 4-3　程序运行结果

在例 4-1 中，ListView 组件的每一行都由图片和文字构成，这里新建了一个 item_list_course.xml 文件作为 ListView 每一行的子项，该文件是一个传统的布局文件，通过 getView()以及 inflate()加载该子项布局，将相关数据适配到子项布局中后，通过 setAdapter()方法填充 ListView。

4.5　使用 ArrayAdapter 填充 ListView 组件

ArrayAdapter 常用来处理列表项的内容全是文本的情况，一般使用在只含有文本信息的情况下，数据源可以是字符串数组、List 集合，如例 4-2 所示。

【例 4-2】 使用 ArrayAdapter 填充 ListView 数据项。

创建一个 Android 项目，新建一个活动，在布局中放置 ListView 组件，通过 ArrayAdapter 填充 ListView 组件，具体代码如下。

MainActivity.java 文件：

```
public class MainActivity extends AppCompatActivity {
    private ListView lv;
    private String[] names = {"数据 0", "数据 1", "数据 2", "数据 3", "数据 4",
            "数据 5", "数据 6", "数据 7", "数据 10", "数据 11", "数据 12", "数据 13",
            "数据 14", "数据 15", "数据 16", "数据 17"};
    private ArrayAdapter<String> adapter;
    @Override
    protected void onCreate(Bundle savedInstanceState) {
        super.onCreate(savedInstanceState);
        setContentView(R.layout.activity_main);
        lv = (ListView) findViewById(R.id.lv);
        adapter = new ArrayAdapter<String>(MainActivity.this,
```

```
                R.layout.item_adapter, R.id.adapter_tv, names);
        lv.setAdapter(adapter);
    }
}
```

activity_main.xml 文件：

```
<?xml version="1.0" encoding="utf-8"?>
<RelativeLayout
    xmlns:android="http://schemas.android.com/apk/res/android"
    xmlns:tools="http://schemas.android.com/tools"
    android:layout_width="match_parent"
    android:layout_height="match_parent"
    tools:context=".MainActivity" >
    <ListView
        android:id="@+id/lv"
        android:layout_width="match_parent"
        android:layout_height="match_parent"/>
</RelativeLayout>
```

item_adapter.xml 文件：

```
<?xml version="1.0" encoding="utf-8"?>
<LinearLayout xmlns:android="http://schemas.android.com/apk/res/android"
    android:layout_width="match_parent"
    android:layout_height="match_parent"
    android:orientation="vertical" >
    <TextView
        android:id="@+id/adapter_tv"
        android:layout_width="wrap_content"
        android:layout_height="wrap_content"
        android:padding="5dp"
        android:textAppearance="?android:attr/textAppearanceLarge"
        android:text="TextView" />
</LinearLayout>
```

程序运行结果如图 4-4 所示。

图 4-4　程序运行结果

4.6　使用 SimpleAdapter 填充 ListView 组件

SimpleAdapter 与 ArrayAdapter 使用的数据源不同，SimpleAdapter 使用 Map 作为数据源，所以 SimpleAdapter 可以作为一个列表项中包含多种组件的 AdapterView 的数据源。如果 ListView 的数据项比较复杂，一般使用 SimpleAdapter，如例 4-3 所示。

【例 4-3】 使用 SimpleAdapter 填充 ListView 数据项。

MainActivity.java 文件：

```
public class MainActivity extends AppCompatActivity {
    private ListView lv;
    private SimpleAdapter adapter;//使用的适配器
    private List<Map<String, String>> list;//数据源
    private Map<String, String> map;
    @Override
    protected void onCreate(Bundle savedInstanceState) {
        super.onCreate(savedInstanceState);
        setContentView(R.layout.activity_main);
        //初始化
        lv = (ListView) findViewById(R.id.main_lv);
        //数据源的初始化
        list = new ArrayList<Map<String, String>>();
        for (int i = 1; i <= 20; i++) {
            map = new HashMap<String, String>();
            //给 map 添加键值对
            //一般来说 item 中包含多少个控件需要显示就会包含多少个键值对
            map.put("text", "第"+i+"项文本信息");
            list.add(map);
        }
        //初始化适配器，适配数据源数据
        String[] from = {"text"};
        int[] to = {R.id.adapter_tv};
        adapter = new SimpleAdapter(MainActivity.this, list,
                R.layout.item_simple_adapter, from, to);
        //设置适配器适配组件
        lv.setAdapter(adapter);
    }
}
```

activity_main.xml 文件：

```
<?xml version="1.0" encoding="utf-8"?>
<RelativeLayout
    xmlns:android="http://schemas.android.com/apk/res/android"
    xmlns:tools="http://schemas.android.com/tools"
    android:layout_width="match_parent"
    android:layout_height="match_parent"
    tools:context=".MainActivity" >
```

```
    <ListView
        android:id="@+id/main_lv"
        android:layout_width="match_parent"
        android:layout_height="match_parent"/>
</RelativeLayout>
```

item_simple_adapter.xml 文件：

```
<?xml version="1.0" encoding="utf-8"?>
<LinearLayout xmlns:android="http://schemas.android.com/apk/res/android"
    android:orientation="horizontal"
    android:layout_width="match_parent"
    android:layout_height="match_parent"
    android:descendantFocusability="blocksDescendants"
    android:gravity="center_vertical"
    android:padding="5dp">
    <ImageView
        android:id="@+id/adapter_iv"
        android:layout_width="wrap_content"
        android:layout_height="wrap_content"
        android:src="@mipmap/ic_launcher"/>
    <TextView
        android:id="@+id/adapter_tv"
        android:layout_width="wrap_content"
        android:layout_height="wrap_content"
        android:textSize="14sp"
        android:layout_marginLeft="10dp"
        android:text="测试数据"/>
    <CheckBox
        android:id="@+id/adapter_box"
        android:layout_width="wrap_content"
        android:layout_height="wrap_content" />
</LinearLayout>
```

图 4-5　程序运行结果

程序运行结果如图 4-5 所示。

例 4-3 中，ListView 的每一项数据都是由 SimpleAdapter 进行适配的，为了体现与 ArrayAdapter 的不同，列表项的布局有多种不同的组件，item_simple_adapter 布局作为 ListView 列表项的布局，其中包含了 CheckBox 组件，能够接受用户的操作，会响应 ListView 列表项的点击，但这将导致 OnItemClick()方法不能被回调，所以在布局的根标签中增加属性 android:descendantFocusability="blocksDescendants"，设置父控件覆盖子控件而直接获取焦点，这样 ListView 就可以正常点击，也不影响 CheckBox 的使用。

4.7 ListView 的事件

ListView 的事件主要有两种，即单击事件和长按事件。

(1) 单击事件：当单击列表中的某一项时，会对这一操作做出相应的处理，实现单击事件的监听代码如下：

```
lv.setOnItemClickListener(new OnItemClickListener() {
    @Override
    public boolean onItemClick(AdapterView<?> parent, View view, int position, long id) {
        //此方法用来处理单击事件
    }
});
```

onItemClick()方法中四个参数的含义如下：

◆ 第一个参数 parent 表示所在的 adapterView。
◆ 第二个参数 view 表示 item 的对应视图。
◆ 第三个参数 position 表示 item 对应的索引。
◆ 第四个参数 id 表示 item 中点击的行 id。

(2) 长按事件：当长按列表中的某一项时，会对这一操作做出相应的处理，实现长按事件的监听代码如下：

```
lv.setOnItemLongClickListener(new OnItemLongClickListener() {
    @Override
    public boolean onItemLongClick(AdapterView<?> parent, View view, int position, long id){
        //此方法用来处理长按事件
    }
});
```

onItemLongClick()方法中四个参数的含义如下：

◆ 第一个参数 parent 表示所在的 adapterView。
◆ 第二个参数 view 表示 item 的对应视图。
◆ 第三个参数 position 表示 item 对应的索引。
◆ 第四个参数 id 表示 item 中点击的行 id。

4.8 ListView 的缓存机制

ListView 在工作时，针对每一个列表项，Adapter 都会返回一个 View 对象，并将其绘制在页面上。当不停地滑动 ListView 时，会有新的列表项显示。这样的绘制工作会一直执行，将极大地占用系统内存，运行效率很低。

Adapter 的 getView()方法中有一个参数是 convertView 对象，该对象称为复用 View，用于将之前加载好的布局进行缓存，以便之后进行复用。

ListView 的缓存机制具有以下特点：

(1) 当加载的列表项很多时，其中可见的列表项 View 存在于内存中，其他的 View 存在于 Recycler 中，Recycler 是 Android 中专门用于处理缓存的组件。

(2) ListView 先通过 getView()方法请求一个 convertView 对象，这个 convertView 对象将会在 Recycle 中查找并返回一个 View 对象，如果 Recycler 中没有，则返回 null。

(3) 如果 convertView 为空，则需要通过代码创建一个新 View 赋值给它，这样新的 View 就会自动存储在 Recycler 中，方便下一次使用。

通过这种缓存机制，可以减少创建新 View 的次数，从而提升 ListView 的效率，实现代码如下：

```
@Override
public View getView(int position, View convertView, ViewGroup parent) {
    ViewHolder holder = null;
    if (convertView==null) {
        //将 xml 转化成 View 视图
        convertView = View.inflate(cxt, R.layout.item_simple_adapter, null);
        holder = new ViewHolder();
        //初始化
        holder.descTv = (TextView) convertView.findViewById(R.id.adapter_text1);
        holder.nameTv = (TextView) convertView.findViewById(R.id.adapter_text2);
        //缓存赋值组件对象，用于减少 findViewById()的次数
        convertView.setTag(holder);
    }else{
        //从复用对象中获取要赋值组件对象
        holder = (ViewHolder) convertView.getTag();
    }
    //显示内容
    holder.nameTv.setText(nameList.get(position));
    holder.descTv.setText(descList.get(position));
    return convertView;
}
/**
 * 定义类用于保存要赋值的组件
 */
class ViewHolder{
    TextView nameTv;
    TextView descTv;
}
```

这里的内部类 ViewHolder 用于对要赋值的组件对象进行缓存。当 convertView 为空时，

创建一个 ViewHolder 对象，初始化要赋值的组件，并且保存在 ViewHolder 对象中，然后调用 setTag()方法，将 ViewHolder 对象存储在 convertView 中；当 convertView 不为空时，调用 getTag()方法，取出 ViewHolder 对象，最终进行赋值。

4.9　Spinner 组件

GridView 和 ListView 同属于 AbsListView 的子类，使用方法几乎一模一样，GridView 是一个网格显示的列表组件，也是使用 Adapter 填充数据。

Spinner 和以上两者略有不同，它继承于 AbsSpinner，但都属于适配器组件，使用方法具有相似性。Spinner 是继 ListView 组件之后用得比较多的组件。Spinner 也是列表组件，但是它的表现形式是下拉列表，本质是让用户在多个选项中选择一项，Spinner 的内容通常是文本，如果数据内容不多，可以使用 xml 进行保存，如例 4-4 所示。

【例 4-4】 Spinner 组件的使用。

MainActivity.java 文件：

```
public class MainActivity extends AppCompatActivity {
    private Spinner spinner;
    private TextView cityTv;
    @Override
    protected void onCreate(Bundle savedInstanceState) {
        super.onCreate(savedInstanceState);
        setContentView(R.layout.activity_main);
        //初始化
        cityTv = (TextView) findViewById(R.id.cityTv);
        spinner = (Spinner) findViewById(R.id.spinner);
        //针对 spinner 进行监听----使用的是 item 选中的监听
        spinner.setOnItemSelectedListener(new AdapterView
                .OnItemSelectedListener() {
            //选中 item 执行的方法
            @Override
            public void onItemSelected(AdapterView<?> parent, View view, int position, long id){
                //设置更改之后的城市信息
                cityTv.setText(""+parent.getSelectedItem());
            }
            @Override
            public void onNothingSelected(AdapterView<?> parent) {
            }
        });
    }
}
```

activity_main.xml 文件：

```
<?xml version="1.0" encoding="utf-8"?>
<LinearLayout xmlns:android="http://schemas.android.com/apk/res/android"
    xmlns:tools="http://schemas.android.com/tools"
    android:layout_width="match_parent"
    android:layout_height="match_parent"
    android:paddingBottom="@dimen/activity_vertical_margin"
    android:paddingLeft="@dimen/activity_horizontal_margin"
    android:paddingRight="@dimen/activity_horizontal_margin"
    android:paddingTop="@dimen/activity_vertical_margin"
    android:orientation="vertical"
    tools:context=".MainActivity">
    <TextView
        android:layout_width="wrap_content"
        android:layout_height="wrap_content"
        android:textAppearance="?android:attr/textAppearanceMedium"
        android:text="请选择你喜欢的城市：" />
    <Spinner
        android:id="@+id/spinner"
        android:layout_width="wrap_content"
        android:layout_height="wrap_content"
        android:prompt="@string/city_title"
        android:spinnerMode="dialog"
        android:entries="@array/citys"/>
    <TextView
        android:id="@+id/cityTv"
        android:layout_width="wrap_content"
        android:layout_height="wrap_content"
        android:textAppearance="?android:attr/textAppearanceMedium"
        android:layout_marginTop="30dp"
        android:text="显示选中的城市"/>
</LinearLayout>
```

strings.xml 文件：

```
<resources>
    <string name="app_name">Demo4_4</string>
    <string name="city_title">请选择你喜欢的城市</string>
    <string-array name="citys">
        <item>北京</item>
```

```
        <item>郑州</item>
        <item>石家庄</item>
        <item>武汉</item>
        <item>哈尔滨</item>
        <item>沈阳</item>
        <item>长沙</item>
    </string-array>
</resources>
```

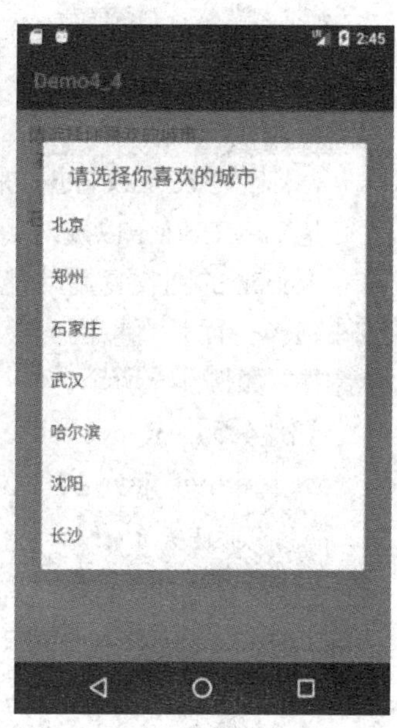

图4-6　程序运行结果

程序运行结果如图4-6所示。

Spinner的android:prompt属性用于设置弹出窗体的标题信息，需在xml文件中声明之后，通过引用资源的形式使用；android:spinnerMode属性用于设置Spinner的窗体的形式，只有两种形式，即dialog(对话框形式)和dropdown(下拉列表形式)；android:entries属性用于绑定数据源的资源id，自动适配数据并显示，当然也可以像ListView那样通过适配器适配数据。

4.10　RecyclerView组件

从Android 5.0开始，谷歌公司推出了一个用于大量数据展示的新组件RecylerView，它可以用来代替传统的ListView组件，其功能更加强大和灵活。在过去Android开发中常使用的ListView组件的扩展性不够好，尤其是要实现横向滑动或者瀑布流的时候，ListView就做不到了，而RecylerView不仅可以轻松实现和ListView相同的功能，而且还优化了ListView的很多不足之处。目前Android官方更加推荐使用RecyclerView，未来也会有更多的程序逐渐从ListView转到RecyclerView，接下来介绍RecyclerView的用法。

4.10.1　RecyclerView的基本使用

RecyclerView是support-v7包中的组件，使用的时候需要在app下的build.gradle文件中添加相应的依赖库，具体代码如下：

```
dependencies {
    …………
    implementation 'com.android.support:recyclerview-v7:28.0.0'
}
```

布局文件中使用RecyclerView的代码如下：

```
<androidx.recyclerview.widget.RecyclerView
    android:id="@+id/recyclerview"
```

```
    android:layout_width="match_parent"
    android:layout_height="match_parent">
</androidx.recyclerview.widget.RecyclerView>
```

从名字 RecyclerView 来看，它直接提供了回收复用的功能。虽然 ListView 也可以自己实现 ViewHolder 以及对 convertView 进行优化，但是在 RecyclerView 中，它直接封装了 ViewHolder 的回收复用功能，也就是说，RecyclerView 将 ViewHolder 标准化，不再需要面向 View，而是直接面向 ViewHolder 编写需要的 Adapter，这样一来，逻辑结构就变得非常清晰，如例 4-5 所示。

【例 4-5】 RecyclerView 组件的使用。

MainActivity.java 文件：

```
public class MainActivity extends AppCompatActivity {
    private RecyclerView mRecyclerView;
    private List<String> list = new ArrayList<>();
    @Override
    protected void onCreate(Bundle savedInstanceState) {
        super.onCreate(savedInstanceState);
        setContentView(R.layout.activity_main);
        mRecyclerView = (RecyclerView) findViewById(R.id.recyclerview);
        //初始化数据源
        for (int i= 'A'; i <= 'Z'; i++){
            list.add("字母"+((char)i));
        }
        //初始化布局管理器
        LinearLayoutManager llm = new LinearLayoutManager(this);
        //RecyclerView 的布局管理器
        mRecyclerView.setLayoutManager(llm);
        //设置适配器
        MyAdapter adapter = new MyAdapter(list);
        mRecyclerView.setAdapter(adapter);
    }
}
```

MyAdapter.java 文件：

```
public class MyAdapter extends RecyclerView.Adapter<MyHolder> {
    private List<String> list;
    public MyAdapter(List<String> list){
        this.list = list;
    }
```

```
    @NonNull
    @Override
    public MyHolder onCreateViewHolder(@NonNull ViewGroup parent, int viewType) {
        return new MyHolder(View.inflate(parent.getContext(),
                R.layout.recyclerview_item, null));
    }
    @Override
    public void onBindViewHolder(MyHolder holder, int position) {
        holder.text.setText(list.get(position));
    }
    @Override
    public int getItemCount() {
        return list.size();
    }
}
```

MyHolder.java 文件：

```
public class MyHolder extends RecyclerView.ViewHolder{
    public TextView text;
    public MyHolder(@NonNull View itemView) {
        super(itemView);
        text = (TextView)itemView.findViewById(R.id.recyclerview_item_text);
    }
}
```

activity_main.xml 文件：

```
<?xml version="1.0" encoding="utf-8"?>
<LinearLayout xmlns:android="http://schemas.android.com/apk/res/android"
    android:orientation="vertical"
    android:layout_width="match_parent"
    android:layout_height="match_parent">
   <androidx.recyclerview.widget.RecyclerView
       android:id="@+id/recyclerview"
       android:layout_width="match_parent"
       android:layout_height="match_parent">
   </androidx.recyclerview.widget.RecyclerView>
</LinearLayout>
```

recyclerview_item.xml 文件：

```
<?xml version="1.0" encoding="utf-8"?>
```

```
<LinearLayout xmlns:android="http://schemas.android.com/apk/res/android"
    android:orientation="vertical"
    android:layout_width="match_parent"
    android:layout_height="match_parent">
    <TextView
        android:layout_width="match_parent"
        android:layout_height="wrap_content"
        android:padding="10dp"
        android:id="@+id/recyclerview_item_text"
        android:textSize="18sp"
        android:gravity="center"
        android:drawableLeft="@mipmap/ic_launcher"
        android:text="测试数据"/>
</LinearLayout>
```

程序运行结果如图 4-7 所示。

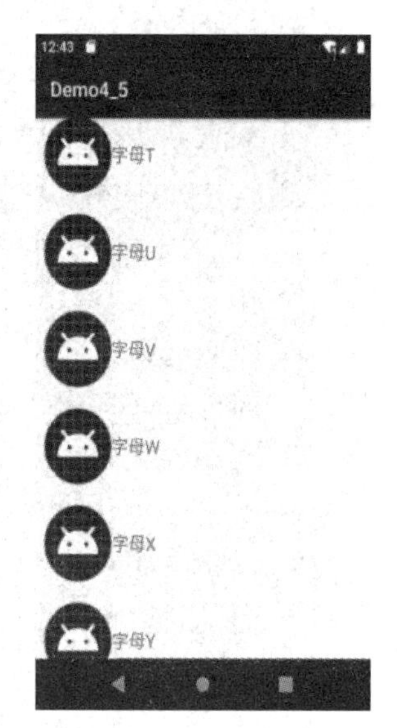

图 4-7　程序运行结果

4.10.2　RecyclerView 的布局管理器

RecyclerView 有三种布局管理器，分别是：LinearLayoutManager(线性布局管理器)、GridLayoutManager(网格布局管理器)、StaggeredGridLayoutManager(瀑布流布局管理器)。通过这三种布局管理器可以实现列表视图、网格视图和瀑布流视图的效果，并且可以通过 setLayoutManager 方法随意切换三种布局管理器，默认情况下使用的是 LinearLayoutManager。

(1) LinearLayoutManager：类似线性布局(LinearLayout)，可以实现垂直或水平布局，常用方法如表 4-2 所示。

表 4-2　LinearLayoutManager 常用方法

方 法 名	说　明
构造方法	创建 LinearLayoutManager 实例，可以指定列表的方向，指定是否为相反方向开始布局
setOrientation	设置列表方向，垂直为 LinearLayoutManager.VERTICAL，水平为 LinearLayoutManager.HORIZONTAL
setReverseLayout	设置是否为相反方向开始布局，默认为 false；如果设置为 true，那么垂直方向将从下向上开始布局，水平方向将从右向左开始布局

修改例 4-5 中的 MainActivity.java 文件，使列表项水平显示，代码如下：

```
public class MainActivity extends AppCompatActivity {
    private RecyclerView mRecyclerView;
    private List<String> list = new ArrayList<>();
    @Override
    protected void onCreate(Bundle savedInstanceState) {
```

```
        super.onCreate(savedInstanceState);
        setContentView(R.layout.activity_main);
        mRecyclerView = (RecyclerView) findViewById(R.id.recyclerview);
        for (int i= 'A'; i <= 'Z'; i++){
            list.add("字母"+((char)i));
        }
        LinearLayoutManager llm = new LinearLayoutManager(this);
        llm.setOrientation(LinearLayoutManager.HORIZONTAL);
        mRecyclerView.setLayoutManager(llm);
        MyAdapter adapter = new MyAdapter(list);
        mRecyclerView.setAdapter(adapter);
    }
}
```

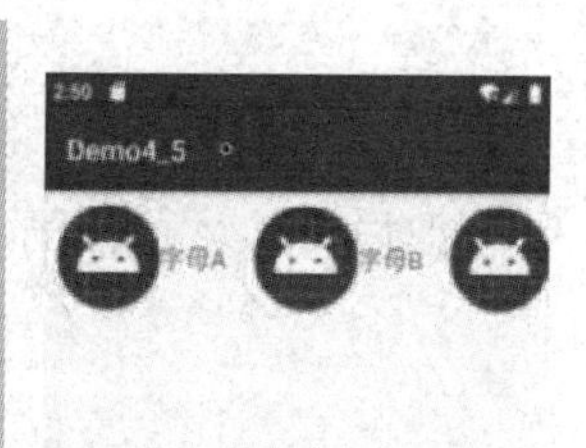

图 4-8　程序运行结果

修改后再次运行程序，程序运行结果如图 4-8 所示。

(2) GridLayoutManager：类似网格布局(GridLayout)，可以实现网格布局，常用方法如表 4-3 所示。

表 4-3　GridLayoutManager 常用方法

方 法 名	说　　明
构造方法	创建 GridLayoutManager 实例，可以指定网格的列数
setSpanCount	设置网格的列数
setSpanSizeLookup	设置列表项的占位规则，默认是一项一列

修改例 4-5 中的 MainActivity.java 文件，使用 GridLayoutManager，并指定网格列数为 3，代码如下：

```
public class MainActivity extends AppCompatActivity {
    private RecyclerView mRecyclerView;
    private List<String> list = new ArrayList<>();
    @Override
    protected void onCreate(Bundle savedInstanceState) {
        super.onCreate(savedInstanceState);
        setContentView(R.layout.activity_main);
        mRecyclerView = (RecyclerView) findViewById(R.id.recyclerview);
        for (int i= 'A'; i <= 'Z'; i++){
            list.add("字母"+((char)i));
        }
        GridLayoutManager glm=new GridLayoutManager(this, 3);
        mRecyclerView.setLayoutManager(glm);
        MyAdapter adapter = new MyAdapter(list);
        mRecyclerView.setAdapter(adapter);
```

```
    }
}
```

修改后再次运行程序，程序运行结果如图 4-9 所示。

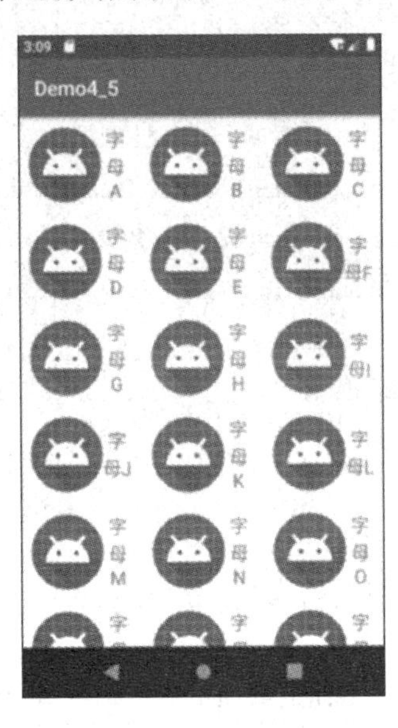

图 4-9　程序运行结果

(3) StaggeredGridLayoutManager 允许为网格指定不同的大小，只要在适配器中动态设置每个格子的大小，系统就会自动在界面上依次排列瀑布流网格，常用方法如表 4-4 所示。

表 4-4　StaggeredGridLayoutManager 常用方法

方 法 名	说　明
构造方法	创建 StaggeredGridLayoutManager 实例，可以指定网格的列数和方向
setSpanCount	设置网格的列数
setOrientation	设置瀑布流的方向，垂直为 LinearLayoutManager.VERTICAL，水平为 LinearLayoutManager.HORIZONTAL
setReverseLayout	设置是否为相反方向开始布局，默认为 false；如果设置为 true，那么垂直方向将从下向上开始布局，水平方向将从右向左开始布局

修改例 4-5 中的 MainActivity.java 文件，使用 StaggeredGridLayoutManager，并修改数据源，使每个格子的内容长度都不同，代码如下：

```
public class MainActivity extends AppCompatActivity {
    private RecyclerView mRecyclerView;
    private List<String> list = new ArrayList<>();
    @Override
    protected void onCreate(Bundle savedInstanceState) {
        Random mRandom = new Random();
        super.onCreate(savedInstanceState);
        setContentView(R.layout.activity_main);
```

```
        mRecyclerView = (RecyclerView) findViewById(R.id.recyclerview);
            for (int i= 'A'; i <= 'Z'; i++){
            StringBuffer buffer = new StringBuffer();
            buffer.append("字母");
            int len = mRandom.nextInt(40);
            for (int j=0;j<=len;j++){
                buffer.append((char)i);
            }
                list.add(buffer.toString());
        }
        StaggeredGridLayoutManager sglm =
                new StaggeredGridLayoutManager (3, StaggeredGridLayoutManager.VERTICAL);
        mRecyclerView.setLayoutManager(sglm);
        MyAdapter adapter = new MyAdapter(list);
        mRecyclerView.setAdapter(adapter);
    }
}
```

修改后再次运行程序，程序运行结果如图 4-10 所示。

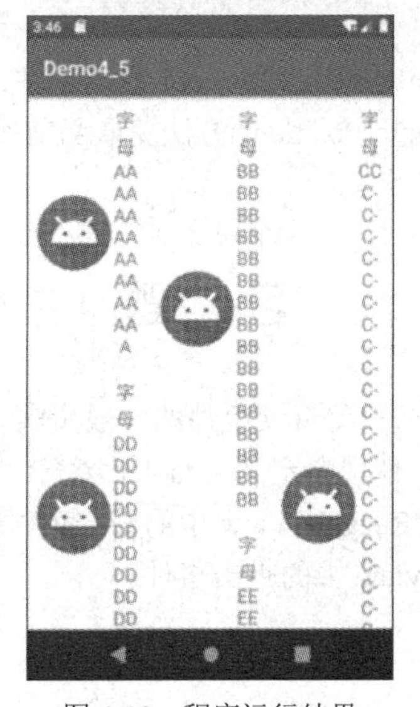

图 4-10　程序运行结果

4.10.3　RecyclerView 的点击事件

RecyclerView 中没有提供列表项的点击事件，需要自己去实现，可以在适配器中实现类似于 ListView 的 OnItemClickListener 事件，代码如下：

```
//定义一个 ViewHolder 类
public class MyHolder extends RecyclerView.ViewHolder{
```

```
    //需要复制的属性
    private TextView text;
    //一个 viewholder 绑定一个 view
    public MyHolder(View itemView) {
        super(itemView);
        text = (TextView) itemView
                .findViewById(R.id.recyclerview_item_text);
        //点击事件
        text.setOnClickListener(new View.OnClickListener() {
            @Override
            public void onClick(View v) {
                //获取当前点击的位置
                int position = getAdapterPosition();
                Toast.makeText(text.getContext(),
                        "内容："+list.get(position), Toast.LENGTH_SHORT).show();
            }
        });
    }
}
```

由于 RecyclerView 没有 OnItemClickListener 点击事件，因此没有办法直接获取当前点击的位置，但可以通过 getAdapterPosition()方法获取当前刷新的位置，该位置也就是点击位置。

习　题

1. 简述自定义 Adapter 填充 ListView 组件的一般步骤。
2. 自学 GridView 组件，并使用自定义 Adapter 填充。
3. 设计程序，实现当长按 RecyclerView 中的某一项时，删除该项。
4. 定义类并封装 RecyclerView 中的点击事件。

第 5 章　UI 组件进阶

本章主要介绍 Android 开发中常用的高级组件，它们虽然不是直接继承自 View 或者 ViewGroup，但也属于 Android 的标准 UI 组件。

5.1　Dialog(对话框)

Dialog 是对话框组件，是人机交互过程中十分常见的组件，一般用于显示提示信息，可以增强应用程序的友好性。Dialog 类是对话框组件的基类。对话框虽然可以在界面上显示，但对话框不是 View 类的子类，而是直接继承自 java.lang.Object 类，对话框有自己的生命周期，其生命周期由创建它的 Activity 进行管理。

常用的对话框有以下几种：

◆ AlertDialog：提示对话框；

◆ ProgressDialog：进度条对话框；

◆ DatePickerDialog：日期选择对话框。

所有的对话框都直接或间接继承自 Dialog 类，Dialog 类的继承关系如图 5-1 所示，其中，AlertDialog、CharacterPickerDialog 直接继承自 Dialog，其他几个均继承自 AlertDialog。

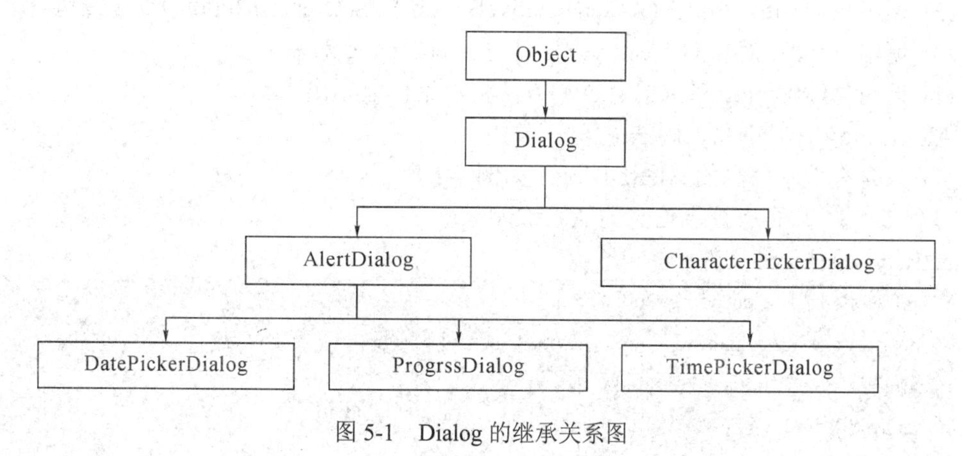

图 5-1　Dialog 的继承关系图

5.1.1　AlertDialog(提示对话框)

AlertDialog 常用于显示提示信息，在其内部最多可放置三个按钮，不能直接通过构造方法构建，需通过 AlertDialog.Builder 类来构建。另外，对话框的标题、按钮以及按钮响应的事件也需通过 AlertDialog.Builder 进行设置。通过 AlertDialog. Builder 创建对话框的常用方法如表 5-1 所示。

表 5-1　创建 AlertDialog 的常用方法

方 法 名	说　明
setTitle()	给对话框设置标题
setIcon()	给对话框设置图标
setMessage()	给对话框设置内容
setView()	给对话框设置自定义样式
setItems()	设置对话框要显示的一个 List，一般用于要显示几个命令的情况
setMultiChoiceItems()	设置对话框显示一系列的复选框
setNeutralButton()	给对话框添加普通按钮
setPositiveButton()	给对话框添加“Yes”按钮
setNegativeButton()	给对话框添加“No”按钮
create()	创建对话框
show()	显示对话框
onPrepareDialog()	修改对话框时调用该方法
onCreateDialog()	创建对话框时调用该方法
setSingleChoiceItems()	设置对话框显示一个单选的 List

创建 AlertDialog 的一般步骤如下：

(1) 创建 AlertDialog.Builder 对象。

(2) 调用 Builder 对象的 setTitle()方法设置标题，调用 setIcon()方法设置图标等。

(3) 调用 setPositiveButton()、setNegativeButton()、setNeutralButton()设置按钮。

(4) 调用 Builder 对象的 create()方法创建 AlertDialog 对象。

(5) 调用 AlertDialog 对象的 show()方法将对话框显示出来。

AlertDialog 有以下几种用法：

(1) 只含有提示信息的 AlertDialog，如例 5-1 所示。

【例 5-1】 只含有提示信息的 AlertDialog。

activity_main.xml 文件：

```
<?xml version="1.0" encoding="utf-8"?>
<LinearLayout xmlns:android="http://schemas.android.com/apk/res/android"
    xmlns:tools="http://schemas.android.com/tools"
    android:layout_width="match_parent"
    android:layout_height="match_parent"
    android:paddingBottom="10px"
    android:paddingLeft="10px"
    android:paddingRight="10px"
    android:paddingTop="10px"
```

```
    android:orientation="vertical"
    tools:context=".MainActivity" >
    <Button
        android:id="@+id/bt1"
        android:layout_width="match_parent"
        android:layout_height="wrap_content"
        android:text="只含有提示信息的 AlertDialog" />
</LinearLayout>
```

MainActivity.java 文件：

```
public class MainActivity extends AppCompatActivity {
    @Override
    protected void onCreate(Bundle savedInstanceState) {
        super.onCreate(savedInstanceState);
        setContentView(R.layout.activity_main);
        Button btn = (Button) findViewById(R.id.bt1);
        btn.setOnClickListener(new View.OnClickListener() {
            @Override
            public void onClick(View v) {
                showAlertDialog();
            }
        });
    }
    private void showAlertDialog() {
        AlertDialog.Builder builder = new Builder(this);
        builder.setTitle("显示标题");
        builder.setMessage("这个是显示的内容");
        builder.setIcon(R.mipmap.ic_launcher);
        builder.create().show();
    }
}
```

2:38

Demo5_1

只含有提示信息的ALTERDIALOG

显示标题

这个是显示的内容

图 5-2　程序运行结果

程序运行结果如图 5-2 所示。

(2) 含有按钮和提示信息的 AlertDialog，如例 5-2 所示。

【例 5-2】 含有按钮和提示信息的 AlertDialog。

activity_main.xml 文件：

```
<?xml version="1.0" encoding="utf-8"?>
<LinearLayout xmlns:android="http://schemas.android.com/apk/res/android"
    xmlns:tools="http://schemas.android.com/tools"
    android:layout_width="match_parent"
    android:layout_height="match_parent"
```

```
    android:paddingBottom="10px"
    android:paddingLeft="10px"
    android:paddingRight="10px"
    android:paddingTop="10px"
    android:orientation="vertical"
    tools:context=".MainActivity" >
    <Button
        android:id="@+id/bt1"
        android:layout_width="match_parent"
        android:layout_height="wrap_content"
        android:text="含有按钮和提示信息的 AlertDialog" />
</LinearLayout>
```

MainActivity.java 文件：

```
public class MainActivity extends AppCompatActivity {
    @Override
    protected void onCreate(Bundle savedInstanceState) {
        super.onCreate(savedInstanceState);
        setContentView(R.layout.activity_main);
        Button btn = (Button) findViewById(R.id.bt1);
        btn.setOnClickListener(new View.OnClickListener() {
            @Override
            public void onClick(View v) {
                showBtnDialog();
            }
        });
    }
    private void showBtnDialog() {
        AlertDialog.Builder builder = new Builder(this);
        builder.setMessage("是否退出？ ");
        builder.setTitle("提示内容");
        builder.setIcon(R.mipmap.ic_launcher);
        builder.setPositiveButton("确定", new DialogInterface.OnClickListener() {
            @Override
            public void onClick(DialogInterface dialog, int which) {
                Toast.makeText(MainActivity.this, "点击了确定",
                        Toast.LENGTH_SHORT).show();
            }
        });
        builder.setNegativeButton("取消", new DialogInterface.OnClickListener() {
```

```
            @Override
            public void onClick(DialogInterface dialog, int which) {
                Toast.makeText(MainActivity.this, "点击了取消",
                                Toast.LENGTH_SHORT).show();
            }
        });
        AlertDialog dialog = builder.create();
        dialog.show();
    }
}
```

图 5-3　程序运行结果

程序运行结果如图 5-3 所示。

(3) 自定义 AlertDialog。可以用一个 Layout 定义 AlertDialog 的布局，然后以 AlertDialog 的方式呈现出来，如例 5-3 所示。

【例 5-3】 自定义 AlertDialog。

activity_main.xml 文件：

```
<?xml version="1.0" encoding="utf-8"?>
<LinearLayout xmlns:android="http://schemas.android.com/apk/res/android"
    xmlns:tools="http://schemas.android.com/tools"
    android:layout_width="match_parent"
    android:layout_height="match_parent"
    android:paddingBottom="10px"
    android:paddingLeft="10px"
    android:paddingRight="10px"
    android:paddingTop="10px"
    android:orientation="vertical"
    tools:context=".MainActivity" >
    <Button
        android:id="@+id/bt1"
        android:layout_width="match_parent"
        android:layout_height="wrap_content"
        android:text="自定义的 AlertDialog" />
</LinearLayout>
```

dialog_view.xml 文件：

```
<?xml version="1.0" encoding="utf-8"?>
<LinearLayout xmlns:android="http://schemas.android.com/apk/res/android"
    android:layout_width="match_parent"
    android:layout_height="match_parent"
    android:padding="5dp"
    android:background="#ffffff"
```

```
    android:orientation="vertical" >
    <EditText
        android:id="@+id/userName"
        android:layout_width="match_parent"
        android:layout_height="wrap_content"
        android:layout_marginTop="10dp"
        android:hint="请输入用户名"/>
    <EditText
        android:id="@+id/password"
        android:layout_width="match_parent"
        android:layout_height="wrap_content"
        android:inputType="textPassword"
        android:layout_marginTop="10dp"
        android:hint="请输入密码"/>
    <LinearLayout
        android:layout_width="match_parent"
        android:layout_marginTop="10dp"
        android:layout_height="wrap_content">
        <Button
            android:id="@+id/cancelBtn"
            android:layout_width="0dp"
            android:layout_height="wrap_content"
            android:layout_weight="1"
            android:text="取消"/>
        <Button
            android:id="@+id/confirmBtn"
            android:layout_width="0dp"
            android:layout_height="wrap_content"
            android:layout_weight="3"
            android:text="确认"/>
    </LinearLayout>
</LinearLayout>
```

MainActivity.java 文件：

```
public class MainActivity extends AppCompatActivity {
    @Override
    protected void onCreate(Bundle savedInstanceState) {
        super.onCreate(savedInstanceState);
        setContentView(R.layout.activity_main);
        Button btn = (Button) findViewById(R.id.bt1);
```

```
        btn.setOnClickListener(new View.OnClickListener() {
            @Override
            public void onClick(View v) {
                showCustomDialog();
            }
        });
    }
    private void showCustomDialog() {
        AlertDialog.Builder builder = new Builder(this);
        final AlertDialog dialog = builder.create();
        View view = View.inflate(this, R.layout.dialog_view, null);
        dialog.setView(view, 0, 0, 0, 0);
        dialog.setCanceledOnTouchOutside(true);
        dialog.show();
        Button cancelBtn = (Button) view.findViewById(R.id.cancelBtn);
        cancelBtn.setOnClickListener(new View.OnClickListener() {
            @Override
            public void onClick(View v) {
                dialog.dismiss();
            }
        });
    }
}
```

图 5-4　程序运行结果

程序运行结果如图 5-4 所示。

5.1.2　ProgressDialog(进度条对话框)

ProgressDialog 是一个带有进度条的对话框，当应用程序在运行比较耗时的操作时，使用该对话框可以为用户提供进度提示，如例 5-4 所示。

【例 5-4】 ProgressDialog 的使用。

activity_main.xml 文件：

```
<?xml version="1.0" encoding="utf-8"?>
<LinearLayout xmlns:android="http://schemas.android.com/apk/res/android"
    xmlns:tools="http://schemas.android.com/tools"
    android:layout_width="match_parent"
    android:layout_height="match_parent"
    android:paddingBottom="10px"
    android:paddingLeft="10px"
    android:paddingRight="10px"
```

```
    android:paddingTop="10px"
    android:orientation="vertical"
    tools:context=".MainActivity" >
    <Button
        android:id="@+id/bt1"
        android:layout_width="match_parent"
        android:layout_height="wrap_content"
        android:text="ProgressDialog 示例" />
</LinearLayout>
```

MainActivity.java 文件：

```
public class MainActivity extends AppCompatActivity {
    @Override
    protected void onCreate(Bundle savedInstanceState) {
        super.onCreate(savedInstanceState);
        setContentView(R.layout.activity_main);
        Button btn = (Button) findViewById(R.id.bt1);
        btn.setOnClickListener(new View.OnClickListener() {
            @Override
            public void onClick(View v) {
                showProgressDialog();
            }
        });
    }
    private void showProgressDialog() {
        ProgressDialog dialog = new ProgressDialog(this);
        dialog.setTitle("显示进度");
        dialog.setProgressStyle(ProgressDialog.STYLE_HORIZONTAL);
        dialog.show();
        dialog.setProgress(30);
    }
}
```

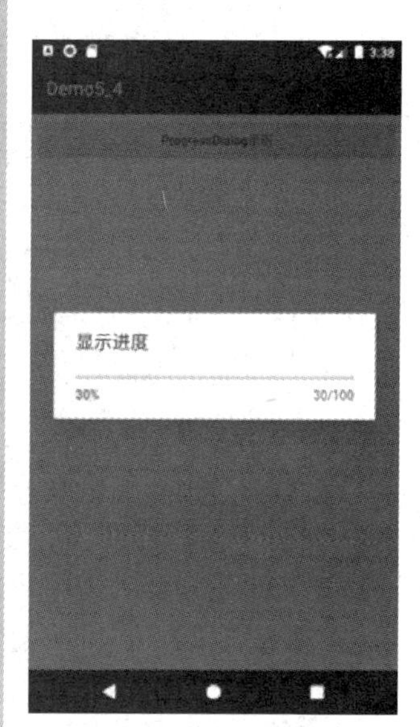

图 5-5　程序运行结果

程序运行结果如图 5-5 所示。

5.1.3　DatePickerDialog(日期选择对话框)

在 Android 中提供日期选择的是 DatePicker 组件，不过不是弹窗模式，而是直接在页面上占据一块区域，且不会自动关闭，因此不适合直接使用，实际开发中常用的是已经封装好的 DatePickerDialog。DatePickerDialog 相当于在 AlertDialog 上加载了 DatePicker，用起来更简单，只需调用构造函数设置一下当前的年、月、日，然后调用 show()方法即可弹出日期选择对话框，如例 5-5 所示。

【例 5-5】 DatePickerDialog 的使用。

activity_main.xml 文件：

```
<?xml version="1.0" encoding="utf-8"?>
<LinearLayout xmlns:android="http://schemas.android.com/apk/res/android"
    xmlns:tools="http://schemas.android.com/tools"
    android:layout_width="match_parent"
    android:layout_height="match_parent"
    android:paddingBottom="10px"
    android:paddingLeft="10px"
    android:paddingRight="10px"
    android:paddingTop="10px"
    android:orientation="vertical"
    tools:context=".MainActivity" >
    <Button
        android:id="@+id/bt1"
        android:layout_width="match_parent"
        android:layout_height="wrap_content"
        android:text="DatePickerDialog 示例" />
</LinearLayout>
```

MainActivity.java 文件：

```
public class MainActivity extends AppCompatActivity {
    @Override
    protected void onCreate(Bundle savedInstanceState) {
        super.onCreate(savedInstanceState);
        setContentView(R.layout.activity_main);
        Button btn = (Button) findViewById(R.id.bt1);
        btn.setOnClickListener(new View.OnClickListener() {
            @Override
            public void onClick(View v) {
                showDatePickerDialog();
            }
        });
    }
    private void showDatePickerDialog() {
        DatePickerDialog datePickerDialog = new
                DatePickerDialog(this, listener, 2010, 9, 1);
        datePickerDialog.setTitle("显示内容");
        datePickerDialog.setIcon(R.mipmap.ic_launcher);
```

```
        datePickerDialog.show();
    }
    private DatePickerDialog.OnDateSetListener listener = new DatePickerDialog.OnDateSetListener() {
        @Override
        public void onDateSet(DatePicker view, int year, int monthOfYear
                , int dayOfMonth) {
        }
    };
}
```

程序运行结果如图 5-6 所示。

图 5-6　程序运行结果

5.2　Menu(菜单)

在 Android 应用中，菜单是用户界面中常见的元素，使用也非常频繁。Android 中的菜单被分为三种：OptionsMenu(选项菜单)、ContextMenu(上下文菜单)和 SubMenu(子菜单)。下面分别举例说明。

5.2.1　OptionsMenu(选项菜单)

在 Android 2.3 以下的版本中，OptionsMenu 最多显示六个带图标的菜单项，当含有六个以上的菜单项时，只显示前五个菜单项，第六个菜单项会变为 More，单击 More 菜单项后会出现扩展菜单，扩展菜单不支持图标，但支持单选框和复选框；在 Android 3.0(API level 11)及以上版本中，默认情况下直接弹出的选项菜单不再显示图标。

使用 OptionsMenu 时，首先需用重载 OnCreatOptionsMenu()方法创建菜单，然后通过 onOptionsItemSelected() 方法对菜单点击事件进行监听，如例 5-6 所示。

【例 5-6】 OptionsMenu 的使用。

activity_main.xml 文件：

```
<?xml version="1.0" encoding="utf-8"?>
<androidx.constraintlayout.widget.ConstraintLayout
xmlns:android="http://schemas.android.com/apk/res/android"
    xmlns:app="http://schemas.android.com/apk/res-auto"
    xmlns:tools="http://schemas.android.com/tools"
    android:layout_width="match_parent"
    android:layout_height="match_parent"
    tools:context=".MainActivity">
    <TextView
        android:layout_width="wrap_content"
        android:layout_height="wrap_content"
        android:text="Hello World!"
        app:layout_constraintBottom_toBottomOf="parent"
        app:layout_constraintLeft_toLeftOf="parent"
        app:layout_constraintRight_toRightOf="parent"
        app:layout_constraintTop_toTopOf="parent" />
</androidx.constraintlayout.widget.ConstraintLayout>
```

optionsmenu.xml 文件：

```
<?xml version="1.0" encoding="utf-8"?>
<menu xmlns:android="http://schemas.android.com/apk/res/android"
    android:layout_width="wrap_content"
    android:layout_height="wrap_content">
    <item
        android:id="@+id/item1"
        android:title="JavaEE" />
    <item
        android:id="@+id/item2"
        android:title="大数据" />
    <item
        android:id="@+id/item3"
        android:title="人工智能" />
    <item
        android:id="@+id/item4"
        android:title="H5 前端" />
    <item
        android:id="@+id/item5"
        android:title="软件测试" />
</menu>
```

MainActivity.java 文件：

```
public class MainActivity extends AppCompatActivity {
    private TextView textview;
    @Override
    protected void onCreate(Bundle savedInstanceState) {
        super.onCreate(savedInstanceState);
        setContentView(R.layout.activity_main);
        textview = (TextView) findViewById(R.id.text);
    }
    @Override
    public boolean onOptionsItemSelected(MenuItem item) {
        return super.onOptionsItemSelected(item);
    }
    @Override
    public boolean onCreateOptionsMenu(Menu menu) {
        MenuInflater inflater = getMenuInflater();
        inflater.inflate(R.menu.optionsmenu, menu);
        return true;
    }
}
```

程序运行结果如图 5-7 所示。

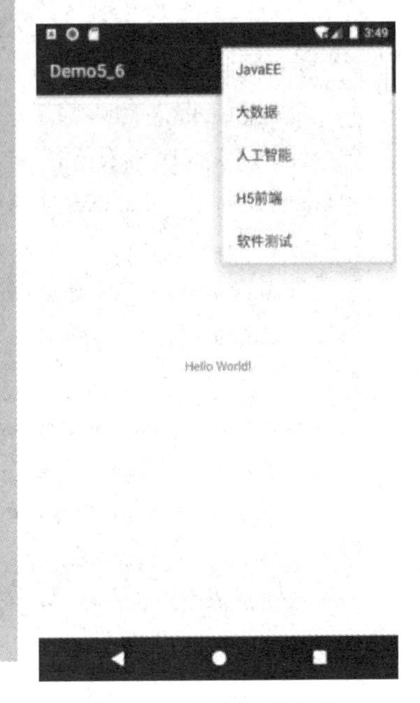

图 5-7　程序运行结果

5.2.2　ContextMenu(上下文菜单)

ContextMenu 是 Android 中长按视图组件后出现的菜单，它可以被注册到任何 View 对象中。ContextMenu 悬浮于主界面之上，不支持图标显示和快捷键，其使用方法与 OptionsMenu 相似，创建方法为 onCreateContextMenu()，响应菜单点击事件的方法为 onContextItemSelected()，如例 5-7 所示。

【例 5-7】 ContextMenu 的使用。

activity_main.xml 文件：

```
<?xml version="1.0" encoding="utf-8"?>
<LinearLayout xmlns:android="http://schemas.android.com/apk/res/android"
    android:layout_width="match_parent"
    android:layout_height="match_parent"
    android:padding="5dp"
    android:background="#ffffff"
    android:orientation="horizontal" >
    <EditText
        android:id="@+id/et"
        android:layout_width="200dp"
```

```
        android:layout_height="wrap_content"
        android:layout_marginTop="10dp"
        android:hint="请选择课程"/>
    <Button
        android:id="@+id/btn"
        android:layout_width="wrap_content"
        android:layout_height="wrap_content"
        android:layout_marginTop="10dp"
        android:text="选择"/>
</LinearLayout>
```

contextmenu.xml 文件：

```
<?xml version="1.0" encoding="utf-8"?>
<menu xmlns:android="http://schemas.android.com/apk/res/android"
    android:layout_width="wrap_content"
    android:layout_height="wrap_content">
    <item
        android:id="@+id/item1"
        android:title="JavaEE" />
    <item
        android:id="@+id/item2"
        android:title="大数据" />
    <item
        android:id="@+id/item3"
        android:title="人工智能" />
    <item
        android:id="@+id/item4"
        android:title="H5 前端" />
    <item
        android:id="@+id/item5"
        android:title="软件测试" />
</menu>
```

MainActivity.java 文件：

```
public class MainActivity extends AppCompatActivity {
    private Button bt;
    private EditText et;
    private MenuInflater mMenuInflater;
    @Override
    protected void onCreate(Bundle savedInstanceState) {
        super.onCreate(savedInstanceState);
        setContentView(R.layout.activity_main);
```

```
        bt = (Button) findViewById(R.id.btn);
        et=(EditText) findViewById(R.id.et);
        et.setCursorVisible(false);
        et.setFocusable(false);
        et.setFocusableInTouchMode(false);
        registerForContextMenu(bt);
    }
    @Override
    public void onCreateContextMenu(ContextMenu menu, View view, ContextMenu.ContextMenuInfo
contextMenuInfo){
        super.onCreateContextMenu(menu, view, contextMenuInfo);
        mMenuInflater = new MenuInflater(this);
        mMenuInflater.inflate(R.menu.contextmenu, menu);
    }
    @Override
    public boolean onContextItemSelected(MenuItem item) {
        et.setText(item.getTitle());
        return super.onContextItemSelected(item);
    }
    @Override
    public void onDestroy() {
        super.onDestroy();
        unregisterForContextMenu(bt);
    }
}
```

程序运行结果如图 5-8 所示。

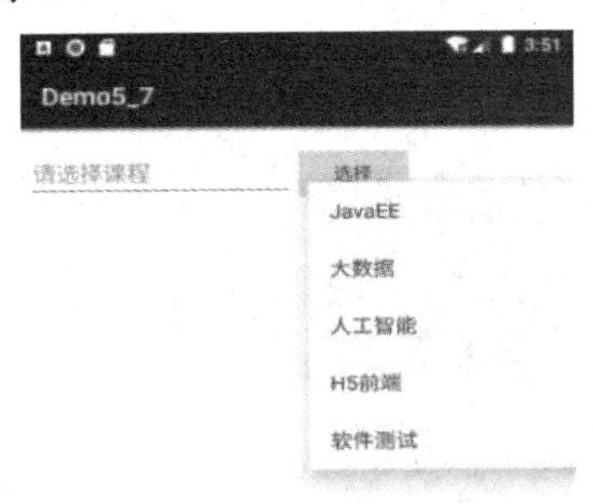

图 5-8　程序运行结果

5.2.3　SubMenu(子菜单)

SubMenu 是某个菜单项的扩展，是一个悬浮的菜单项列表，不支持菜单图标或者嵌套子菜单，如例 5-8 所示。

【例 5-8】 SubMenu 的使用。

activity_main.xml 文件：

```
<?xml version="1.0" encoding="utf-8"?>
<androidx.constraintlayout.widget.ConstraintLayout
xmlns:android="http://schemas.android.com/apk/res/android"
    xmlns:app="http://schemas.android.com/apk/res-auto"
    xmlns:tools="http://schemas.android.com/tools"
    android:layout_width="match_parent"
    android:layout_height="match_parent"
    tools:context=".MainActivity">
    <TextView
        android:layout_width="wrap_content"
        android:layout_height="wrap_content"
        android:text="Hello World!"
        app:layout_constraintBottom_toBottomOf="parent"
        app:layout_constraintLeft_toLeftOf="parent"
        app:layout_constraintRight_toRightOf="parent"
        app:layout_constraintTop_toTopOf="parent" />
</androidx.constraintlayout.widget.ConstraintLayout>
```

submenu.xml 文件：

```
<?xml version="1.0" encoding="utf-8"?>
<menu xmlns:android="http://schemas.android.com/apk/res/android">
    <item
        android:id="@+id/file"
        android:title="文件">
        <menu>
            <item
                android:id="@+id/file_new"
                android:orderInCategory="100"
                android:title="新建">
            </item>
            <item
                android:id="@+id/file_open"
                android:orderInCategory="100"
```

```
                android:title="打开">
            </item>
            <item
                android:id="@+id/file_s"
                android:orderInCategory="100"
                android:title="保存" >
            </item>
        </menu>
    </item>
    <item
        android:id="@+id/edit"
        android:title="编辑">
        <menu>
            <item
                android:id="@+id/edit_c"
                android:orderInCategory="100"
                android:title="复制">
            </item>
            <item
                android:id="@+id/edit_v"
                android:orderInCategory="100"
                android:title="粘贴">
            </item>
            <item
                android:id="@+id/edit_x"
                android:orderInCategory="100"
                android:title="剪切">
            </item>
        </menu>
    </item>
</menu>
```

MainActivity.java 文件：

```
public class MainActivity extends AppCompatActivity {
    private TextView textview;
    @Override
    protected void onCreate(Bundle savedInstanceState) {
        super.onCreate(savedInstanceState);
        setContentView(R.layout.activity_main);
```

```
        textview = (TextView) findViewById(R.id.text);
    }
    @Override
    public boolean onOptionsItemSelected(MenuItem item) {
        return super.onOptionsItemSelected(item);
    }
    @Override
    public boolean onCreateOptionsMenu(Menu menu) {
        MenuInflater inflater = getMenuInflater();
        inflater.inflate(R.menu.submenu, menu);
        return true;
    }
}
```

程序运行结果如图 5-9 所示。

图 5-9　程序运行结果

5.3　Notification(通知)

Notification，即通知，是一种提示在状态栏的通告，用于展现应用程序的信息。当某一个应用程序希望推送给用户最新的消息时，就可以借助通知的形式。通知信息首先会闪动在手机屏幕最上方的状态栏位置，当用户下拉状态栏时，会直接看到更加详细的通知信息。

在 Android 中，通知的使用极为频繁，比如短信通知、QQ 消息通知、App 更新进度状态等。

5.3.1　Notification 的使用

由于 Android 版本的兼容性问题，对于 Notification 来说，在 Android 3.0 之前，其构建是通过 Notification.Builder 对象构建；在 Android 3.0 之后，推荐使用 NotificationCompat.Builder 对象构建，代码如下：

```
NotificationCompat.Builder myNBuilder = new NotificationCompat.Builder(Context context, String channelId);
```

这种构建方法有两个参数：第一个参数是上下文，也就是当前环境；第二个参数是通道 ID。通道 ID 是一个字符串，注意 ID 不要太长，不然可能会被系统截断。Android 8.0 以后，构建通知必须传入通道 ID。

Notification 通过 NotificationManager 对象进行发送和取消，可以调用 Context 的 getSystemService()方法获取。NotificationManager 是一个重要的系统服务，该对象位于应用框架层，应用程序可以直接通过它发送全局通知。创建 NotificationManager 的代码如下：

```
NotificationManager manager = (NotificationManager) getSystemService(NOTIFICATION_SERVICE);
```

构建好 NotificationManager 后，就可以用 NotificationManager 的 notify()方法发送通知，代码如下：

```
NotificationManager .notify(Int int, Notification);
```

notify 方法有两个参数：第一个参数是用来标识唯一性；第二个参数是被发送的 Notification。

下面通过一个完整的例子来展示通过 NotificationManager 发送 Notification 的过程，如例 5-9 所示。

【例 5-9】 Notification 的使用。

activity_main.xml 文件：

```
<?xml version="1.0" encoding="utf-8"?>
<androidx.constraintlayout.widget.ConstraintLayout
xmlns:android="http://schemas.android.com/apk/res/android"
    xmlns:app="http://schemas.android.com/apk/res-auto"
    xmlns:tools="http://schemas.android.com/tools"
    android:layout_width="match_parent"
    android:layout_height="match_parent"
    tools:context=".MainActivity">
    <TextView
        android:layout_width="wrap_content"
        android:layout_height="wrap_content"
        android:text="Hello World!"
        app:layout_constraintBottom_toBottomOf="parent"
        app:layout_constraintLeft_toLeftOf="parent"
        app:layout_constraintRight_toRightOf="parent"
        app:layout_constraintTop_toTopOf="parent" />
</androidx.constraintlayout.widget.ConstraintLayout>
```

MainActivity.java 文件：

```
public class MainActivity extends AppCompatActivity {
    @Override
    protected void onCreate(Bundle savedInstanceState) {
        super.onCreate(savedInstanceState);
        setContentView(R.layout.activity_main);
        NotificationManager notificationManager = (NotificationManager) getSystemService
            (Context.NOTIFICATION_SERVICE);
        NotificationCompat.Builder notificationBuilder = new NotificationCompat.Builder
            (this, "M_CH_ID");
        notificationBuilder.setContentTitle("北京尚学堂科技有限公司")
                .setSmallIcon(R.drawable.sxtlogo)
                .setContentText("北京尚学堂 IT 培训机构专注 Python 全栈+人工智能培训, Java+大数据
培训, Linux+云计算培训等, 培训 5 个月成功入职 BAT");
        notificationManager.notify(1, notificationBuilder.build());
    }
}
```

程序运行结果如图 5-10 所示。

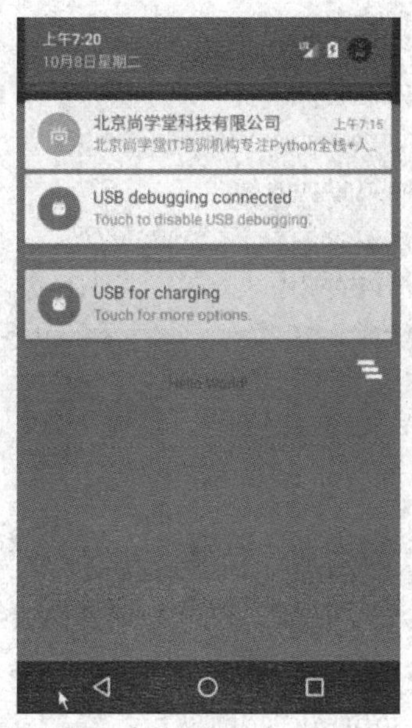

图 5-10　程序运行结果

对于一个通知来说，显示在通知栏的内容是有限的，一般仅用于显示一些提示信息。通知的意图是提醒我们去关注一些事情，所以需要绑定一个 Intent。当用户点击通知后，弹出一个页面来显示更为详尽的信息，一般把这种跳转称为 PendingIntent。PendingIntent 需要通过 Notification 的 setContentIntent()绑定到 Notification 中，代码如下：

```
Intent intent = new Intent(this, NotificationInfoActivity.class);
 PendingIntent mPending = PendingIntent.getActivity(this, requestCode, intent, flags);
 Notification noti = new NotificationCompat.Builder(this)
 .setContentIntent(mPending)
.build();
```

在 PendingIntent 对象的构建参数中，requestCode 用于标记请求码；intent 用于标记当前跳转的意图，用户点击通知之后，会执行意图的动作；flags 用于标记如何创建 PendingIntent 对象。flags 的常用值如下：

◆ FLAG_CANCEL_CURRENT：如果构建的 PendingIntent 已经存在，则取消前一个，重新构建一个。

◆ FLAG_NO_CREATE：如果前一个 PendingIntent 已经存在，将不再构建它。

◆ FLAG_ONE_SHOT：表明这里构建的 PendingIntent 只能使用一次。

◆ FLAG_UPDATE_CURRENT：如果构建的 PendingIntent 已经存在，则替换它。

修改例 5-9，在例 5-9 中新建一个活动，用于展示详细信息，添加一个 PendingIntent 对象，通过 PendingIntent 实现点击通知时跳转到详细信息页面，修改后的代码如例 5-10 所示。

【例 5-10】 Notification 的点击跳转。

activity_main.xml 文件：

```
<?xml version="1.0" encoding="utf-8"?>
<androidx.constraintlayout.widget.ConstraintLayout
xmlns:android="http://schemas.android.com/apk/res/android"
    xmlns:app="http://schemas.android.com/apk/res-auto"
    xmlns:tools="http://schemas.android.com/tools"
    android:layout_width="match_parent"
    android:layout_height="match_parent"
    tools:context=".MainActivity">
    <TextView
        android:layout_width="wrap_content"
        android:layout_height="wrap_content"
        android:text="Hello World!"
        app:layout_constraintBottom_toBottomOf="parent"
        app:layout_constraintLeft_toLeftOf="parent"
        app:layout_constraintRight_toRightOf="parent"
        app:layout_constraintTop_toTopOf="parent" />
</androidx.constraintlayout.widget.ConstraintLayout>
```

activity_notification_info.xml 文件：

```
<?xml version="1.0" encoding="utf-8"?>
<RelativeLayout xmlns:android="http://schemas.android.com/apk/res/android"
    xmlns:tools="http://schemas.android.com/tools"
    android:layout_width="match_parent"
    android:layout_height="match_parent"
    tools:context=".MainActivity"
    android:gravity="center">
    <TextView
        android:id="@+id/txtOne"
        android:layout_width="match_parent"
        android:layout_height="match_parent"
        android:text="课程详细内容"
        android:textColor="#000000"
        android:textSize="14sp" />
</RelativeLayout>
```

MainActivity.java 文件：

```
public class MainActivity extends AppCompatActivity {
    @Override
    protected void onCreate(Bundle savedInstanceState) {
        super.onCreate(savedInstanceState);
        setContentView(R.layout.activity_main);
        Intent intent = new Intent(this, NotificationInfoActivity.class);
```

```
        PendingIntent mPending = PendingIntent.getActivity
            (this, 0, intent, PendingIntent.FLAG_UPDATE_CURRENT);
        NotificationManager notificationManager = (NotificationManager) getSystemService
            (Context.NOTIFICATION_SERVICE);
        NotificationCompat.Builder notificationBuilder = new NotificationCompat.Builder(this, "M_CH_ID");
        notificationBuilder.setContentTitle("北京尚学堂科技有限公司")
                .setSmallIcon(R.drawable.sxtlogo)
                .setContentText("北京尚学堂 IT 培训机构专注 Python 全栈+人工智能培训, Java+大数据
培训, Linux+云计算培训等, 培训 5 个月成功入职 BAT")
                .setContentIntent(mPending);;
        notificationManager.notify(1, notificationBuilder.build());
    }
}
```

NotificationInfoActivity.java 文件：

```
public class NotificationInfoActivity extends AppCompatActivity {
    @Override
    protected void onCreate(Bundle savedInstanceState) {
        super.onCreate(savedInstanceState);
        setContentView(R.layout.activity_notification_info);
    }
}
```

程序运行结果如图 5-11 所示。

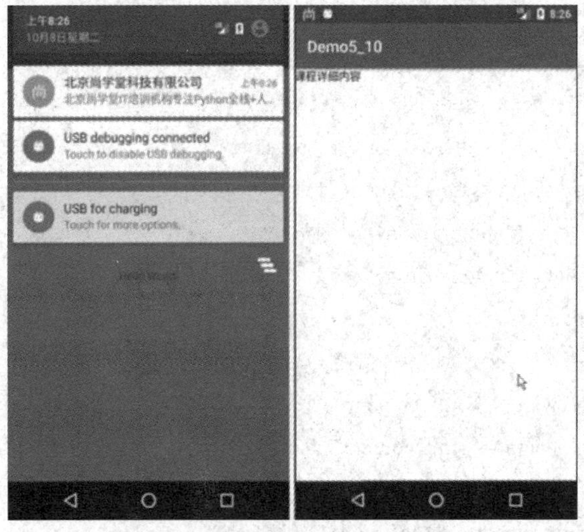

图 5-11　Notification 点击跳转页面

5.3.2 Notification 的大视图风格

Notification 有两种视觉风格，一种是标准视图(Normal View)，另一种是大视图(Big View)。标准视图在 Android 各版本中是通用的，标准视图的高度为 64 dp，宽度为屏幕宽

度。大视图仅支持 Android 4.1 以上的版本，大视图的高度可达 256 dp，大视图通知的设置也比较简单，设置代码如下：

```
NotificationCompat.InboxStyle inboxStyle = new NotificationCompat.InboxStyle();
 String[] infos = {"列表信息 1", "列表信息 2", "列表信息 3", "列表信息 4"};
for (String info : infos) {
    inboxStyle.addLine(info);
}
inboxStyle.setBigContentTitle("大视图通知标题");
inboxStyle.setSummaryText("大视图通知的页脚信息");
 Notification noti = new NotificationCompat.Builder(this)
    .setTicker("普通通知状态栏信息")
    .setContentTitle("普通视图通知标题")
    .setContentText("下拉查看大视图通知信息...")
    .setStyle(inboxStyle)
    .setSmallIcon(R.mipmap.ic_launcher)
    .build();
```

大视图只是多设置了一个 style 属性，InboxStyle 是 Style 的常用子类之一，用于显示大视图文本。大视图通知需要在标准通知基础上向下进行滑动方可显示，反方向滑动即可显示标准视图，如例 5-11 所示。

【例 5-11】 Notification 的大视图风格。

activity_main.xml 文件：

```
<?xml version="1.0" encoding="utf-8"?>
<androidx.constraintlayout.widget.ConstraintLayout
xmlns:android="http://schemas.android.com/apk/res/android"
    xmlns:app="http://schemas.android.com/apk/res-auto"
    xmlns:tools="http://schemas.android.com/tools"
    android:layout_width="match_parent"
    android:layout_height="match_parent"
    tools:context=".MainActivity">
    <TextView
        android:layout_width="wrap_content"
        android:layout_height="wrap_content"
        android:text="Hello World!"
        app:layout_constraintBottom_toBottomOf="parent"
        app:layout_constraintLeft_toLeftOf="parent"
        app:layout_constraintRight_toRightOf="parent"
        app:layout_constraintTop_toTopOf="parent" />
</androidx.constraintlayout.widget.ConstraintLayout>
```

MainActivity.java 文件：

```
public class MainActivity extends AppCompatActivity {
    @Override
    protected void onCreate(Bundle savedInstanceState) {
        super.onCreate(savedInstanceState);
        setContentView(R.layout.activity_main);
        NotificationManager notificationManager = (NotificationManager)
                getSystemService(Context.NOTIFICATION_SERVICE);
        NotificationCompat.Builder notificationBuilder = new NotificationCompat.Builder(this, "M_CH_ID");
        NotificationCompat.InboxStyle inboxStyle = new NotificationCompat.InboxStyle();
        String[] infos = {"JavaEE", "大数据", "人工智能", "软件测试"};
        for (String info : infos) {
            inboxStyle.addLine(info);
        }
        inboxStyle.setBigContentTitle("开设课程");
        inboxStyle.setSummaryText("北京尚学堂科技有限公司");
        notificationBuilder.setContentTitle("北京尚学堂科技有限公司")
                .setTicker("北京尚学堂科技有限公司开设课程")
                .setContentText("下拉查看详细信息....")
                .setSmallIcon(R.drawable.sxtlogo)
                .setStyle(inboxStyle);
        notificationManager.notify(1, notificationBuilder.build());
    }
}
```

程序运行结果如图 5-12 所示。

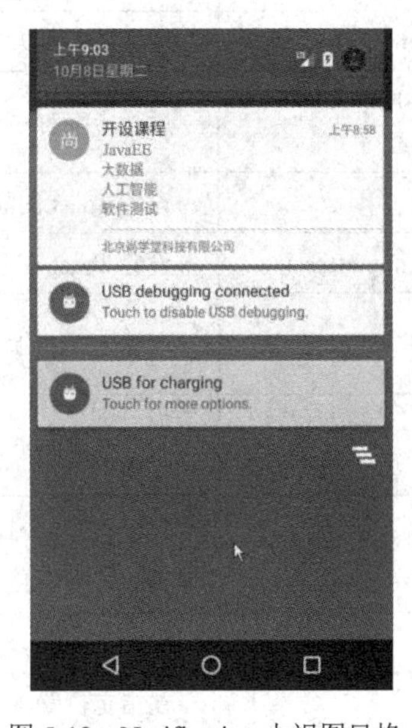

图 5-12 Notification 大视图风格

通知一般都是提示很重要的信息，这些信息不会因为你在玩游戏或者看电影等而受影响，而应显示在状态栏上，提醒用户注意。但是通知不是越多越好，不是什么事情都需要发送一个通知引起用户注意。

5.4　Toast(消息提示框)

Toast 是用于提示信息的组件，是一种很方便的消息提示框，它没有任何按钮，也不会获得焦点，而是显示一段时间后自动消失，常用方法如表 5-2 所示。

表 5-2　Toast 组件的常用方法

方 法 名	说　明
cancel()	如果 Toast 正在显示，则关闭 Toast；如果 Toast 还没有显示，则不再显示 Toast
getDuration()	返回 Toast 显示的持续时间
getGravity()	获取 Toast 在屏幕中显示的位置
getHorizontalMargin()	返回 Toast 的水平边距
getVerticalMargin()	返回 Toast 的垂直边距
getView()	返回 Toast 的视图
getXOffset()	返回 Toast 重心位置的 X 轴偏移量，以像素为单位
getYOffset()	返回 Toast 重心位置的 Y 轴偏移量，以像素为单位
makeText(Context context, int resId, int duration)	用资源引用方式创建一个标准的 Toast
makeText(Context context, CharSequence text, int duration)	用指定字符序列的方式创建一个标准的 Toast
setDuration(int duration)	设置 Toast 的显示持续时间
setGravity(int gravity, int xOffset, int yOffset)	设置 Toast 在屏幕中显示的位置
setMargin(float horizontalMargin, float verticalMargin)	设置 Toast 的水平边距和垂直边距
setText(int resId)	为已创建的 Toast 以资源引用的方式指定显示的文本信息
setText(CharSequence text)	为已创建的 Toast 以指定字符序列的方式指定显示的文本信息
setView(View view)	设置 Toast 包含的视图
show()	在指定位置、以指定持续时间显示 Toast

5.4.1　Toast 的使用

如果只是提示简单的信息，则可以直接调用 Toast 类的 makeText()方法创建一个 Toast 实例，然后调用 show()方法显示即可。Toast 类提供了两个 makeText()方法，代码如下：

```
static Toast makeText(Context context, int resId, int duration)
static Toast makeText(Context context, CharSequence text, int duration)
```

两个方法的参数基本一致，context 表示上下文；duration 表示提示消息显示的持续时间，一般使用 Toast 自带的两个整型常量，即 LENGTH_LONG(1，时间稍长)和 LENGTH_SHORT(0，时间稍短)；resId 表示消息内容的资源引用 ID；text 表示消息内容，消息内容可以通过资源 ID 引用，也可以直接指定一个字符串，如例 5-12 所示。

【例 5-12】 Toast 的使用。

activity_main.xml 文件：

```
<?xml version="1.0" encoding="utf-8"?>
<androidx.constraintlayout.widget.ConstraintLayout
xmlns:android="http://schemas.android.com/apk/res/android"
    xmlns:app="http://schemas.android.com/apk/res-auto"
    xmlns:tools="http://schemas.android.com/tools"
    android:layout_width="match_parent"
    android:layout_height="match_parent"
    tools:context=".MainActivity">
    <TextView
        android:layout_width="wrap_content"
        android:layout_height="wrap_content"
        android:text="Hello World!"
        app:layout_constraintBottom_toBottomOf="parent"
        app:layout_constraintLeft_toLeftOf="parent"
        app:layout_constraintRight_toRightOf="parent"
        app:layout_constraintTop_toTopOf="parent" />
</androidx.constraintlayout.widget.ConstraintLayout>
```

MainActivity.java 文件：

```
public class MainActivity extends AppCompatActivity {
    @Override
    protected void onCreate(Bundle savedInstanceState) {
        super.onCreate(savedInstanceState);
        setContentView(R.layout.activity_main);
        Toast toast = Toast.makeText(this, "北京尚学堂科技有限公司", Toast.LENGTH_LONG);
        toast.show();
    }
}
```

程序运行结果如图 5-13 所示。

图 5-13　Toast 的简单使用

在默认状态下，Toast 显示在屏幕的底部，可以通过 setGravity(int gravity, int xOffset, int yOffset) 方法自定义 Toast 的显示位置。其中，参数 gravity 用于指定对齐方式，也称重力方向；xOffset 和 yOffset 用于指定具体的偏移值。例如，使 Toast 显示在屏幕中央，代码如下：

```
toast.setGravity(Gravity.CENTER, 0, 0);
```

在默认状态下，Toast 显示样式很简单，可以通过 getView()方法获取当前 Toast 的视图。getView()方法返回的结果是一个布局管理器，该布局管理器管理着 Toast 的视图。该视图本质就是一个 TextView，且这个 TextView 的 ID 为 com.android.internal.R.id.message。获取视图后，通过 ID 就可以得到 Toast 视图的引用，得到引用后就可以对 Toast 进行默认样式的修改，如例 5-13 所示。

【例 5-13】 修改默认 Toast。

activity_main.xml 文件：

```
<?xml version="1.0" encoding="utf-8"?>
<androidx.constraintlayout.widget.ConstraintLayout
xmlns:android="http://schemas.android.com/apk/res/android"
    xmlns:app="http://schemas.android.com/apk/res-auto"
    xmlns:tools="http://schemas.android.com/tools"
    android:layout_width="match_parent"
    android:layout_height="match_parent"
    tools:context=".MainActivity">
    <TextView
        android:layout_width="wrap_content"
        android:layout_height="wrap_content"
```

```
        android:text="Hello World!"
        app:layout_constraintBottom_toBottomOf="parent"
        app:layout_constraintLeft_toLeftOf="parent"
        app:layout_constraintRight_toRightOf="parent"
        app:layout_constraintTop_toTopOf="parent" />
</androidx.constraintlayout.widget.ConstraintLayout>
```

MainActivity.java 文件：

```
public class MainActivity extends AppCompatActivity {
    @Override
    protected void onCreate(Bundle savedInstanceState) {
        super.onCreate(savedInstanceState);
        setContentView(R.layout.activity_main);
        Toast toast = Toast.makeText(this, "北京尚学堂科技有限公司", Toast.LENGTH_LONG);
        toast.setGravity(Gravity.CENTER_VERTICAL|Gravity.CENTER_HORIZONTAL, 0, 0);
        LinearLayout layout = (LinearLayout) toast.getView();
        ImageView imageView = new ImageView(this);
        imageView.setImageResource(R.drawable.logo);
        layout.addView(imageView);
        TextView message = toast.getView().findViewById(android.R.id.message);
        message.setTextColor(Color.BLUE);
        toast.show();
    }
}
```

程序运行结果如图 5-14 所示。

图 5-14　修改默认 Toast

5.4.2　自定义 Toast

系统默认的 Toast 依赖于系统主题，这样，在不同的手机上显示风格可能不太一样。为了达到在不同的手机上显示相同的风格，可以通过自定义 Toast 来实现。自定义 Toast 的一般步骤如下：

(1) 构造一个空的 Toast 实例。

(2) 创建一个 Layout，并填充到一个 View 中，Layout 中必须包含一个 TextView 组件。

(3) 将填充后的 View 赋值给 Toast 的 View。

下面通过一个例子来展示自定义 Toast，为提示框添加一个图片角标，如例 5-14 所示。

【例 5-14】 自定义 Toast。

activity_main.xml 文件：

```
<?xml version="1.0" encoding="utf-8"?>
<androidx.constraintlayout.widget.ConstraintLayout
xmlns:android="http://schemas.android.com/apk/res/android"
    xmlns:app="http://schemas.android.com/apk/res-auto"
    xmlns:tools="http://schemas.android.com/tools"
    android:layout_width="match_parent"
    android:layout_height="match_parent"
    tools:context=".MainActivity">
    <TextView
        android:layout_width="wrap_content"
        android:layout_height="wrap_content"
        android:text="Hello World!"
        app:layout_constraintBottom_toBottomOf="parent"
        app:layout_constraintLeft_toLeftOf="parent"
        app:layout_constraintRight_toRightOf="parent"
        app:layout_constraintTop_toTopOf="parent" />
</androidx.constraintlayout.widget.ConstraintLayout>
```

imagetoast.xml 文件：

```
<?xml version="1.0" encoding="utf-8"?>
<RelativeLayout
    android:id="@+id/custom_toast_container"
    xmlns:android="http://schemas.android.com/apk/res/android"
    android:layout_width="wrap_content"
    android:layout_height="wrap_content">
    <TextView
        android:layout_width="wrap_content"
        android:layout_height="wrap_content"
        android:layout_centerVertical="true"
```

```
        android:layout_marginLeft="28dp"
        android:layout_marginTop="50dp"
        android:background="@drawable/shape_bk_imagetoast"
        android:paddingBottom="10dp"
        android:paddingLeft="20dp"
        android:paddingRight="20dp"
        android:paddingTop="10dp"
        android:text="这是一个带有图片的 Toast 提示框"/>
    <ImageView
        android:layout_width="wrap_content"
        android:layout_height="wrap_content"
        android:src="@drawable/logo"/>
</RelativeLayout>
```

shape_bk_imagetoast.xml 文件：

```
<?xml version="1.0" encoding="utf-8"?>
<shape xmlns:android="http://schemas.android.com/apk/res/android">
    <corners android:radius="10dp"/>
    <solid android:color="#ffffff"/>
    <stroke android:color="#000000" android:width="1dp"/>
</shape>
```

MainActivity.java 文件：

```
public class MainActivity extends AppCompatActivity {
    @Override
    protected void onCreate(Bundle savedInstanceState) {
        super.onCreate(savedInstanceState);
        setContentView(R.layout.activity_main);
        Toast toast = new Toast(this);
        View toastView = getLayoutInflater().inflate(R.layout.imagetoast, null);
        toast.setDuration(Toast.LENGTH_SHORT);
        toast.setView(toastView);
        toast.show();
    }
}
```

程序运行结果如图 5-15 所示。

图 5-15　自定义 Toast

5.5　样式和主题

在 Android 应用程序中，每一个视图中的组件都可通过调整其属性值修改样式。组件往往都有相同的属性，一个应用程序会由若干组件构成，如果一个一个地修改为统一的样式，则显得过于繁琐。此时可以将这些共同的属性值定义到一个文件中，这样的文件称之为样式，样式一般作用于组件。

主题本质上也是样式，但主题一般作用于整个应用程序或某个 Layout，主题的作用范围更大一些。

5.5.1 样式

样式是包含一种或者多种格式属性的集合，可以将样式直接设置在视图的某一个元素中。样式可以指定组件的宽度、高度、内间距、背景颜色、文本等属性，样式一般放在资源文件的 values 文件夹下。例如，定义一个常用的 TextView 组件的样式，代码如下：

```
<?xml version="1.0" encoding="utf-8"?>
<resources>
    <!--设置常用的 TextView 的样式-->
    <style name="BaseTextView">
        <!--设置文字大小-->
        <item name="android:textSize">16sp</item>
        <!--设置背景颜色-->
        <item name="android:background">#440000ff</item>
        <!--设置文字的颜色-->
        <item name="android:textColor">#666666</item>
        <!--设置文字倾斜-->
        <item name="android:textStyle">italic</item>
        <!--设置组件的宽度-->
        <item name="android:layout_width">match_parent</item>
        <!--设置组件的高度-->
        <item name="android:layout_height">wrap_content</item>
        <!--设置内间距-->
        <item name="android:padding">10dp</item>
    </style>
</resources>
```

在需要使用该样式的组件上直接通过 style="@style/BaseTextView"引用即可，代码如下：

```
<?xml version="1.0" encoding="utf-8"?>
<LinearLayout xmlns:android="http://schemas.android.com/apk/res/android"
      android:orientation="vertical"
      android:layout_width="match_parent"
      android:layout_height="match_parent">
    <TextView
        style="@style/BaseTextView"
```

```
        android:text="Hello World!"
        android:layout_margin="10dp"/>
    <TextView
        style="@style/BaseTextView"
        android:text="你好世界！"
        android:layout_margin="10dp"/>
    <TextView
        style="@style/BaseTextView"
        android:text="文本数据，测试数据，TextView 使用了 Style 样式"
        android:layout_margin="10dp"/>
</LinearLayout>
```

5.5.2　主题

主题也是包含一种或者多种格式属性的集合，主题和样式的作用域不同，样式的作用域是应用程序的视图，主题的作用域是整个 Activity 或者 Application 中的所有视图，所有支持某一个主题中的属性的视图都会使用该属性。主题需在 AndroidManifest.xml 文件中引用，有如下两种方式：

（1）主题应用于 Activity：

```
<activity android:theme="主题名称">
```

（2）主题应用于 Application：

```
<application android:theme="主题名称">
```

主题的定义方式与样式的定义方式基本一样，一般将与颜色相关的属性定义到主题中，如系统默认主题如下：

```
<resources>
    <!-- Base application theme. -->
    <style name="AppTheme" parent="Theme.AppCompat.Light.DarkActionBar">
        <!-- Customize your theme here. -->
        <item name="colorPrimary">@color/colorPrimary</item>
        <item name="colorPrimaryDark">@color/colorPrimaryDark</item>
        <item name="colorAccent">@color/colorAccent</item>
    </style>
</resources>
```

该主题在 AndroidManifest.xml 文件中引用，代码如下：

```
android:theme="@style/AppTheme"
```

5.6　单位和尺寸

在程序设计中，经常会遇到设置组件大小的问题。组件大小的度量需要计量单位，

Android 中常用的计量单位有 px、pt、dp 和 sp 四种。

(1) px 是像素单位，是屏幕中可以显示的最小单元，屏幕中可以看到的东西都是由一个个像素点组成的。

(2) pt 是磅的单位，1 磅等于 1/72 英寸，一般用来度量字体的大小。

(3) dp 是与密度无关的像素单位，也被称作 dip。在不同密度的屏幕中，若要使显示比例保持一致，则可使用此单位。

(4) sp 是可伸缩像素单位，若要在不同密度的屏幕中使显示的文字大小保持一致，则可使用此单位。

这里的屏幕密度(Dots Per Inch)是指屏幕每英寸所包含的像素点数量，用来表示图像的清晰度，通常称为 DPI。

由于手机屏幕分辨率多样，因此，如果用 px 或 pt 来度量一个组件的大小，就会出现不同分辨率下组件大小不一致的情况，甚至造成布局混乱。在 Android 应用程序中，一般采用 dp 来度量与位置相关的值，用 sp 来度量与大小相关的值。

习　题

1. 简述创建 AlertDialog 的一般步骤。
2. 设计程序，实现省、市、县三级菜单联动。
3. 简述 Notification 大视图风格的使用方法。
4. 简述样式与主题的异同。

第 6 章　Fragment 组件

随着移动端应用的普及，移动端设备也呈多元化发展趋势。各种移动端设备不断出现，已经突破了传统的手机的概念。基于 Activity 组件设计的应用程序已不能满足这种多元化的需求，为此 Android 3.0 后引入了 Fragment 组件，使用 Fragment 组件可以使移动端程序设计更加灵活。

6.1　Fragment 简介

Fragment 是一种可以嵌入到 Activity 中的片段，或者说是 Activity 的再划分。通过 Fragment，可以将一个 Activity 分割成若干个部分，每一部分都有自己的布局方式，从而可以使屏幕布局更加灵活。可见，Fragment 组件更适合大屏幕时代，提高了终端设备的显示兼容性。例如，常见的新闻类 APP 一般采用的布局方式如图 6-1 所示。

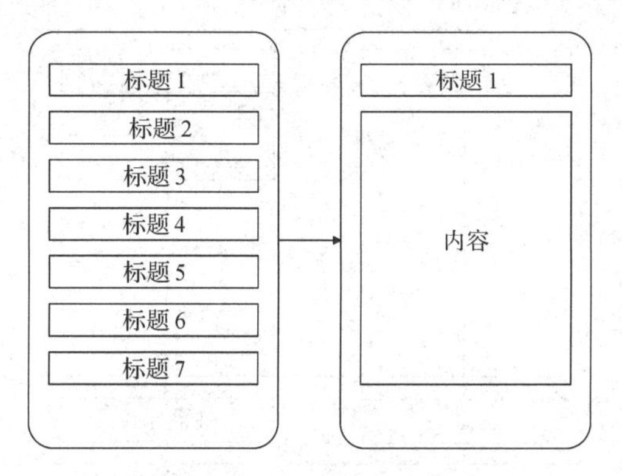

图 6-1　新闻类 APP 界面

如果终端设备屏幕比预期大很多，会出现如图 6-2 所示的效果。

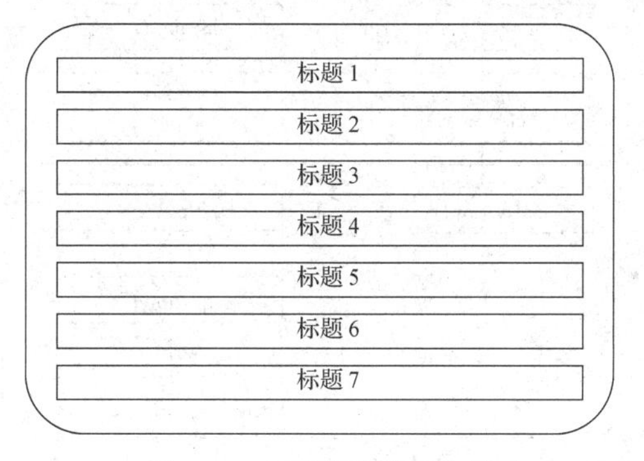

图 6-2　大屏幕下显示效果

在图 6-2 所示的效果中，标题将会很长，屏幕出现大量的空白区域，不太美观。如果采用 Fragment，可以实现如图 6-3 所示的效果。

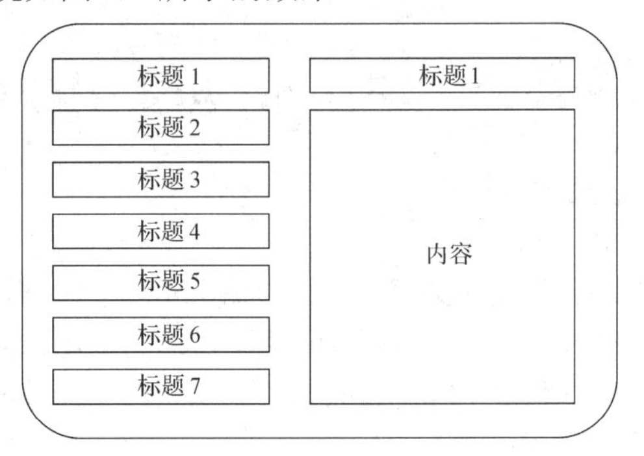

图 6-3　采用 Fragment 后的效果

6.2　Fragment 的生命周期

Fragment 表现为 Activity 的一个行为或者一部分，可以使应用程序更加合理和充分地使用大屏幕空间。Fragment 的生命周期与 Activity 的生命周期关系很密切，但又有不同，如图 6-4 所示。

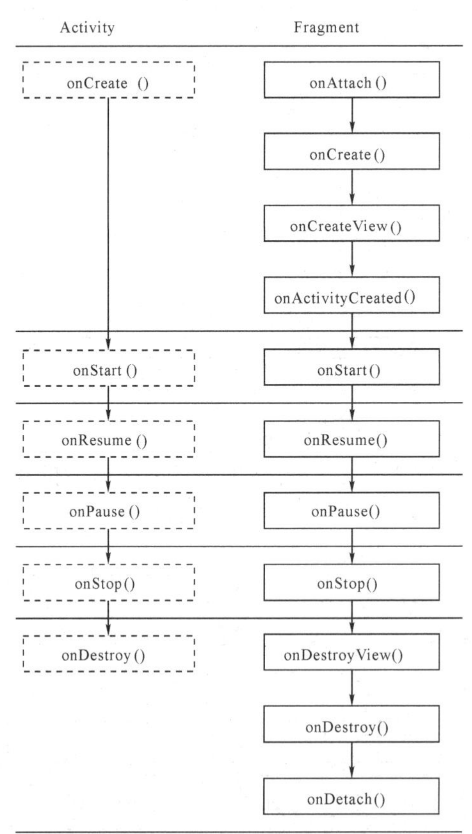

图 6-4　Fragment 与 Activity 生命周期对比

由图 6-4 可以看出，Activity 直接影响它所包含的 Fragment 的生命周期，所以对 Activity 的某个生命周期方法的调用也会产生对 Fragment 相同方法的调用。例如：当 Activity 的 onPause()方法被调用时，当前所展示的 Fragment 的 onPause()方法也会被调用。Fragment 比 Activity 多出几个生命周期的回调方法，这些方法用于和 Activity 交互，如表 6-1 所示。

表 6-1 Fragment 多出的方法与 Activity 的关系

方 法	说 明
onAttach()	当 Fragment 被加入到 Activity 时调用，可获取所在 Activity 的对象
onCreateView()	当 Fragment 创建自己的 Layout 时调用，可获取所在 Activity 的 LayoutInflater 对象
onActivityCreated()	当 Activity 及其 Fragment 创建完成时被调用
onDestoryView()	当 Fragment 的 Layout 被销毁时调用
onDetach()	当 Fragment 从 Activity 中删除时被调用

Fragment 作为 Activity 的一部分，内嵌在 Activity 中，一个 Activity 可以由多个 Fragment 组成，Fragment 不能单独存在，必须加载到某个 Activity 中，Activity 可通过静态和动态两种方式加载 Fragment。

6.3 Fragment 的静态加载

静态加载 Fragment 时，需首先定义一个 Fragment。定义的 Fragment 需要继承自 Fragment 类。Android 系统中存在两个 Fragment 类，分别在不同的包中，一个在 android.app 包下，另一个在 android.support.v4 包下，建议使用 android.support.v4 下的 Fragment，因为其兼容性更高一些。定义的 Fragment 作为 Activity 的一部分，不需要在 AndroidManifest.xml 文件中注册。定义一个 Fragment 的代码如下：

```
public class TextFragment extends Fragment {
    @Override
    public View onCreateView(LayoutInflater inflater, ViewGroup container, Bundle savedInstanceState) {
        View view = inflater.inflate(R.layout.fragment_text, null);
        return view;
    }
}
```

Fragment 定义完成后，在对应的 Activity 布局文件中通过<fragment>标签加载，代码如下：

```
<fragment android:id="@+id/main_fragment_text" android:name="com.fragment.TextFragment">
.....
</fragment>
```

这里的 id 属性用于唯一标识 Fragment 对象；name 属性用来显式指明要添加的 Fragment 类名。需要注意的是，要将 Fragment 的包结构也加上，如例 6-1 所示。

【例 6-1】 Fragment 的使用。

activity_main.xml 文件：

```
<?xml version="1.0" encoding="utf-8"?>
<LinearLayout xmlns:android="http://schemas.android.com/apk/res/android"
    android:orientation="horizontal"
    android:layout_width="match_parent"
    android:layout_height="match_parent">
    <fragment
        android:id="@+id/fragment_left"
        android:layout_width="0dp"
        android:layout_height="match_parent"
        android:layout_weight="2"
        android:name="com.bjsxt.demo6_1.LeftFragment">
    </fragment>
    <View
        android:layout_width="2dp"
        android:layout_height="match_parent"
        android:background="#CFCFCF">
    </View>
    <fragment
        android:id="@+id/fragment_right"
        android:layout_width="0dp"
        android:layout_height="match_parent"
        android:layout_weight="3"
        android:name="com.bjsxt.demo6_1.RightFragment">
    </fragment>
</LinearLayout>
```

fragment_left.xml 文件：

```
<?xml version="1.0" encoding="utf-8"?>
<LinearLayout xmlns:android="http://schemas.android.com/apk/res/android"
    android:layout_width="match_parent"
    android:layout_height="match_parent"
    android:orientation="vertical" >
    <Button
        android:id="@+id/button1"
        android:layout_width="match_parent"
        android:layout_height="50dp"
        android:layout_gravity="center_horizontal"
        android:text="JavaEE"/>
```

```
    <Button
    android:id="@+id/button2"
    android:layout_width="match_parent"
    android:layout_height="50dp"
    android:layout_gravity="center_horizontal"
    android:text="大数据"/>
    <Button
        android:id="@+id/button3"
        android:layout_width="match_parent"
        android:layout_height="50dp"
        android:layout_gravity="center_horizontal"
        android:text="人工智能"/>
    <Button
        android:id="@+id/button4"
        android:layout_width="match_parent"
        android:layout_height="50dp"
        android:layout_gravity="center_horizontal"
        android:text="H5 前端"/>
</LinearLayout>
```

fragment_right.xml 文件：

```
<?xml version="1.0" encoding="utf-8"?>
<LinearLayout xmlns:android="http://schemas.android.com/apk/res/android"
    android:layout_width="match_parent"
    android:layout_height="match_parent"
    android:orientation="vertical" >
    <TextView
        android:id="@+id/txtOne"
        android:layout_width="match_parent"
        android:layout_height="match_parent"
        android:paddingTop="10dp"
        android:paddingLeft="10dp"
        android:paddingRight="10dp"
        android:paddingBottom="10dp"
        android:gravity="center"
        android:text="课程简介"/>
</LinearLayout>
```

MainActivity.java 文件：

```
public class MainActivity extends AppCompatActivity {
   @Override
```

```
    protected void onCreate(Bundle savedInstanceState) {
        super.onCreate(savedInstanceState);
        setContentView(R.layout.activity_main);
    }
}
```

LeftFragment.java 文件：

```
public class LeftFragment extends Fragment {
    public View onCreateView(LayoutInflater inflater, ViewGroup container, Bundle savedInstanceState) {
        return inflater.inflate(R.layout.fragment_left, container, false);
    }
}
```

RightFragment.java 文件：

```
public class RightFragment extends Fragment {
    @Override
    public View onCreateView(LayoutInflater inflater, ViewGroup container, Bundle savedInstanceState) {
        return inflater.inflate(R.layout.fragment_right, container, false);
    }
}
```

程序运行结果如图 6-5 所示。

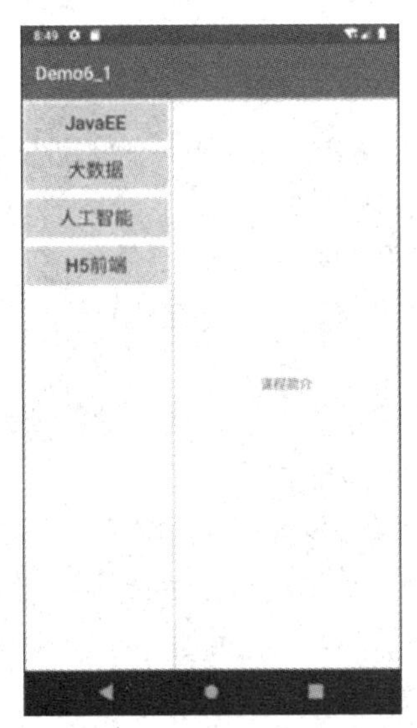

图 6-5　程序运行结果

6.4　Fragment 的动态加载

动态加载 Fragment 是程序设计中使用较多的一种 Fragment 加载方式，这种加载方式可以在程序运行时动态加载需要的 Fragment，也需首先定义 Fragment。动态加载 Fragment

需使用 FragmentManager，该对象可通过 getSupportFragmentManager()方法获取。FragmentManager 对象的常用方法如表 6-2 所示。

表 6-2　FragmentManager 对象的常用方法

方 法 名	说　明
beginTransaction()	获取事务对象，操作 Fragment
findFragmentById()	通过 id 属性找到 Fragment
findFragmentByTag()	通过 tag 标记找到 Fragment

beginTransaction()方法可返回一个事物对象 FragmentTransaction。该对象主要用来处理对 Fragment 的操作，如添加、删除、显示或者隐藏等，这个对象的常用方法如表 6-3 所示。

表 6-3　FragmentTransaction 对象的常用方法

方 法 名	说　明
add()	添加 Fragment
replace()	替换 Fragment
remove()	删除 Fragment
show()	显示已存在的 Fragment
hide()	隐藏已存在的 Fragment
commit()	提交事务，保存事务中的 Fragment

通过事务来管理 Fragment 是 Fragment 的真正强大之处，根据需要动态地将 Fragment 加载到 Activity 中，方便又灵活，一般与 FrameLayout 配合使用，如例 6-2 所示。

【例 6-2】 动态添加 Fragment。

activity_main.xml 文件：

```
<?xml version="1.0" encoding="utf-8"?>
<LinearLayout xmlns:android="http://schemas.android.com/apk/res/android"
    android:orientation="vertical"
    android:layout_width="match_parent"
    android:layout_height="match_parent">
    <fragment
        android:id="@+id/fragment_top"
        android:layout_width="match_parent"
        android:layout_height="50dp"
        android:name="com.example.demo6_2.TopFragment">
    </fragment>
    <View
        android:layout_width="match_parent"
        android:layout_height="2dp"
```

```
        android:background="#CFCFCF">
    </View>
    <FrameLayout
        android:id="@+id/main_layout"
        android:layout_width="match_parent"
        android:layout_height="match_parent">
    <fragment
        android:id="@+id/fragment_text"
        android:layout_width="match_parent"
        android:layout_height="match_parent"
        android:name="com.example.demo6_2.TextFragment">
    </fragment>
    </FrameLayout>
</LinearLayout>
```

fragment_top.xml 文件：

```
<?xml version="1.0" encoding="utf-8"?>
<LinearLayout xmlns:android="http://schemas.android.com/apk/res/android"
    android:layout_width="match_parent"
    android:layout_height="match_parent"
    android:orientation="horizontal">
    <Button android:id="@+id/btn_txt"
        android:layout_height="wrap_content"
        android:layout_width="0dp"
        android:layout_weight="1"
        android:text="显示文字"/>
    <Button android:id="@+id/btn_img"
        android:layout_height="wrap_content"
        android:layout_width="0dp"
        android:layout_weight="1"
        android:text="显示图片"/>
</LinearLayout>
```

fragment_text.xml 文件：

```
<?xml version="1.0" encoding="utf-8"?>
<LinearLayout xmlns:android="http://schemas.android.com/apk/res/android"
    android:layout_width="match_parent"
    android:layout_height="match_parent"
    android:orientation="vertical" >
    <TextView
        android:id="@+id/txtOne"
```

```
        android:layout_width="match_parent"
        android:layout_height="match_parent"
        android:paddingTop="10dp"
        android:paddingLeft="10dp"
        android:paddingRight="10dp"
        android:paddingBottom="10dp"
        android:gravity="center"
        android:text="北京尚学堂科技有限公司"/>
</LinearLayout>
```

fragment_image.xml 文件：

```
<?xml version="1.0" encoding="utf-8"?>
<LinearLayout xmlns:android="http://schemas.android.com/apk/res/android"
    android:layout_width="match_parent"
    android:layout_height="match_parent"
    android:orientation="vertical" >
    <ImageView
        android:id="@+id/iv"
        android:layout_width="match_parent"
        android:layout_height="match_parent"
        android:gravity="center"
        android:src="@drawable/logo"/>
</LinearLayout>
```

MainActivity.java 文件：

```
public class MainActivity extends AppCompatActivity    implements View.OnClickListener {
    private FragmentManager manager;
    private Button btnText;
    private Button btnImage;
    @Override
    protected void onCreate(Bundle savedInstanceState) {
        super.onCreate(savedInstanceState);
        setContentView(R.layout.activity_main);
        btnText = (Button) findViewById(R.id.btn_txt);
        btnImage = (Button) findViewById(R.id.btn_img);
        manager = getSupportFragmentManager();
        btnImage.setOnClickListener(this);
        btnText.setOnClickListener(this);
    }
    @Override
```

```
    public void onClick(View v) {
        FragmentTransaction transaction = null;
        switch (v.getId()){
            case R.id.btn_txt:
                transaction = manager.beginTransaction();
                transaction.replace(R.id.main_layout, new TextFragment());
                transaction.commit();
                break;
            case R.id.btn_img:
                transaction = manager.beginTransaction();
                transaction.replace(R.id.main_layout, new ImageFragment());
                transaction.commit();
                break;
        }
    }
}
```

TopFragment.java 文件：

```
public class TopFragment extends Fragment {
    @Override
    public View onCreateView(LayoutInflater inflater, ViewGroup container, Bundle savedInstanceState) {
        return inflater.inflate(R.layout.fragment_top, container, false);
    }
}
```

TextFragment.java 文件：

```
public class TextFragment extends Fragment {
    @Override
    public View onCreateView(LayoutInflater inflater, ViewGroup container, Bundle savedInstanceState) {
        return inflater.inflate(R.layout.fragment_text, container, false);
    }
}
```

ImageFragment.java 文件：

```
public class ImageFragment extends Fragment {
    @Override
    public View onCreateView(LayoutInflater inflater, ViewGroup container, Bundle savedInstanceState) {
        return inflater.inflate(R.layout.fragment_image, container, false);
    }
}
```

程序运行结果如图 6-6 所示。

图 6-6　程序运行结果

6.5　Fragment 的回退栈

对 Fragment 进行动态管理时，会出现这么一种现象：点击 Back 按键，会直接退出整个 Activity，Activity 所包含的 Fragment 也会退出。Fragment 能不能做到像 Activity 一样，点击 Back 按键后返回到上一个 Fragment 呢？当然是可以的，Activity 之所以能返回，是因为回退栈的存在，如果 Fragment 也通过回退栈管理，那么也能实现同样的效果。在 FragmentManager 对象中与回退栈有关的常用方法如表 6-4 所示。

表 6-4　FragmentManager 对象中与回退栈有关的常用方法

方 法 名	说　　明
addToBackStack()	将 Fragment 对象添加到回退栈中
popBackStack()	清除回退栈中栈顶的 Fragment
popBackStackImmediate()	立即清除回退栈中栈顶的 Fragment
getBackStackEntryCount()	获取回退栈中 Fragment 的个数

将 Fragment 对象添加到回退栈中的代码如下：

```
FragmentTransaction beginTransaction = fragmentManager.beginTransaction();
beginTransaction.add(R.id.framelayout, fragment, tag);
beginTransaction.addToBackStack(tag);
beginTransaction.commit();
```

将某一个 Fragment 之前的所有 Fragment 对象全部清除出栈的代码如下：

```
int backStackEntryCount = fragmentManager.getBackStackEntryCount();
```

```
if (backStackEntryCount > 1) {
    fragmentManager.popBackStackImmediate("tag", 0);
    fragmentManager.popBackStackImmediate("tag", 1);
}
```

修改例 6-2 中的 MainActivity.java 文件，将 TextFragment 和 ImageFragment 添加到回退栈中，代码如下：

```
public class MainActivity extends AppCompatActivity    implements View.OnClickListener {
    private FragmentManager manager;
    private Button btnText;
    private Button btnImage;
    @Override
    protected void onCreate(Bundle savedInstanceState) {
        super.onCreate(savedInstanceState);
        setContentView(R.layout.activity_main);
        btnText = (Button) findViewById(R.id.btn_txt);
        btnImage = (Button) findViewById(R.id.btn_img);
        manager = getSupportFragmentManager();
        btnImage.setOnClickListener(this);
        btnText.setOnClickListener(this);
    }
    @Override
    public void onClick(View v) {
        FragmentTransaction transaction = null;
        switch (v.getId()){
            case R.id.btn_txt:
                transaction = manager.beginTransaction();
                transaction.replace(R.id.main_layout, new TextFragment());
                transaction.addToBackStack(null);
                transaction.commit();
                break;
            case R.id.btn_img:
                transaction = manager.beginTransaction();
                transaction.replace(R.id.main_layout, new ImageFragment());
                transaction.addToBackStack(null);
                transaction.commit();
                break;
        }
    }
}
```

这里调用了 FragmentTransaction 的 addToBackStack()方法，它可以接收一个名字，用于描述回退栈的状态，一般传入 null 即可。重新运行程序，点击“显示图片”，动态加载 ImageFragment，然后按下 Back 按键，程序会返回到 TextFragment，并没有退出 Activity。

习　题

1. 简述 Fragment 与 Activity 的异同。
2. 简述创建 Fragment 的一般步骤。
3. 简述动态加载 Fragment 的一般步骤。

第 7 章　线程间通信

在 Android 应用程序中，内部通信可以看成是线程间的通信，通常来说是主线程和子线程之间进行的通信。Android 是单线程模型，当一个程序第一次启动时，Android 会同时启动一个主线程(Main Thread)，主线程主要负责处理与 UI 相关的事件，但 Android UI 操作并不是线程安全的，并且这些操作必须在 UI 线程中执行。在 Android 应用程序开发中，开发者有时会开启新的线程，我们将这些新的线程称为子线程或工作线程。这些线程如何与主线程进行通信，本章将系统地讲解。

7.1　Handler 消息传递机制

Handler 是一套在 Android 开发中进行异步消息传递的机制。在多线程的应用中，通常是将子线程中需更新 UI 的操作信息传递到 UI 主线程，从而实现子线程对 UI 的更新，最终实现异步消息的处理。

主线程由系统负责维护。为了保证界面的流畅性，一般不允许在主线程内部做耗时的操作，否则系统界面会产生卡顿，如例 7-1 所示。

【例 7-1】 主线程内做耗时操作。

activity_main.xml 文件：

```
<?xml version="1.0" encoding="utf-8"?>
<LinearLayout xmlns:android="http://schemas.android.com/apk/res/android"
    android:layout_width="match_parent"
    android:layout_height="match_parent"
    android:orientation="vertical" >
    <Button
        android:id="@+id/btn"
        android:layout_width="match_parent"
        android:layout_height="wrap_content"
        android:text="运行" />
    <TextView
        android:id="@+id/txtnum"
        android:layout_width="match_parent"
        android:layout_height="100dp"
        android:gravity="center"
        android:textSize="18sp" />
</LinearLayout>
```

MainActivity.java 文件：

```
public class MainActivity extends AppCompatActivity {
    private Button btn;
    private TextView tv;
    private int num=50;
    @Override
    protected void onCreate(Bundle savedInstanceState) {
        super.onCreate(savedInstanceState);
        setContentView(R.layout.activity_main);
        btn = (Button) findViewById(R.id.btn);
        tv = (TextView) findViewById(R.id.txtnum);
        btn.setOnClickListener(new View.OnClickListener() {
            @Override
            public void onClick(View v) {
                while(num<100){
                    try {     Thread.sleep(1000);
                    } catch (InterruptedException e) {
                        e.printStackTrace(); }
                    tv.setText("当前的计数值为："+num);
                    num++;
                }
            }
        });
    }
}
```

程序运行结果如图 7-1 所示。点击“运行”按钮后，发现界面卡顿，并没有出现预期效果，等待一段时间后，出现最终结果，如图 7-2 所示。

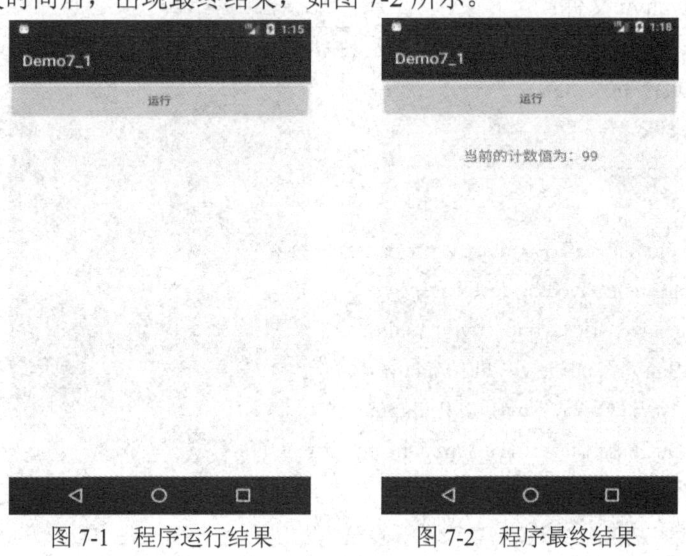

图 7-1　程序运行结果　　图 7-2　程序最终结果

在例 7-1 中点击 Button 按钮后，开启了一个 while 循环操作，每隔一秒给页面中定义的 TextView 赋值显示当前计数的内容。但是，运行该程序后发现，页面并没有按照预期那样开始计数，并且按钮也好像卡住了一样，一段时间后才出现一个最终结果。出现这种问题的原因就是 Android 系统规定了在主线程中不能做耗时操作，因为主线程是负责更新界面的，如果做耗时操作，那么界面的更新就会受到影响，而针对用户来说，界面就不会流畅地响应，这是 Android 系统所不允许的，所以规定主线程不能做耗时操作。

主线程由系统负责维护，为了保证线程安全，不允许在子线程中操作主线程，如例 7-2 所示。

【例 7-2】 在子线程中错误操作主线程。

activity_main.xml 文件：

```
<?xml version="1.0" encoding="utf-8"?>
<LinearLayout xmlns:android="http://schemas.android.com/apk/res/android"
    android:layout_width="match_parent"
    android:layout_height="match_parent"
    android:orientation="vertical" >
    <Button
        android:id="@+id/btn"
        android:layout_width="match_parent"
        android:layout_height="wrap_content"
        android:text="运行" />
    <TextView
        android:id="@+id/txtnum"
        android:layout_width="match_parent"
        android:layout_height="100dp"
        android:gravity="center"
        android:textSize="18sp" />
</LinearLayout>
```

MainActivity.java 文件：

```
public class MainActivity extends AppCompatActivity {
    private Button btn;
    private TextView tv;
    private int num=50;
    @Override
    protected void onCreate(Bundle savedInstanceState) {
        super.onCreate(savedInstanceState);
        setContentView(R.layout.activity_main);
        btn = (Button) findViewById(R.id.btn);
        tv = (TextView) findViewById(R.id.txtnum);
        btn.setOnClickListener(new View.OnClickListener() {
            @Override
            public void onClick(View v) {
```

```
                new Thread(new Runnable() {
                    @Override
                    public void run() {
                        while(num<100){
                            try {
                                Thread.sleep(1000);
                            } catch (InterruptedException e) {
                                e.printStackTrace();
                            }
                            tv.setText("当前的计数值为："+num);
                            num++;
                        }
                    }
                }).start();
            }
        });
    }
}
```

程序运行后，点击"运行"按钮，程序报错如下：

```
Process: com.bjsxt.demo7_2, PID: 31108
    android.view.ViewRootImpl$CalledFromWrongThreadException: Only the original thread that created
a view hierarchy can touch its views.
```

该报错意思是错误的线程调用，提示只有原始线程(也就是主线程)可以更新 UI。

通过例 7-1 和例 7-2 可以发现线程有两个约束，如下：

(1) 子线程不能更新主线程 UI。

(2) 主线程内部不能做耗时的操作。

那么，如何在 Android 中实现耗时操作，并通知主线程呢？这就需要用到 Handler 对象，Handler 对象可以将子线程中需更新 UI 的操作信息异步传递到 UI 主线程，且不会影响主线程的执行，也不会造成界面卡顿。

使用 Handler 时，需要在 Activity 中实例化 Handler 类并重写 handleMessage()方法，该方法用来处理子线程发送给主线程的消息，在子线程中可以通过 Handler 对象发送消息给主线程。Handler 对象用于发送消息的方法如表 7-1 所示。

表 7-1 Handler 对象用于发送消息的方法

方法名	说明
sendEmptyMessage(int what)	发送一个空消息，只指定 Message 的 what 字段
sendMessage(Message msg)	发送一个实体的消息对象
sendMessageAtTime(Message msg, long time)	在指定的时间之前发送一个消息
sendMessageDelayed(Message msg, long time)	在指定的时间间隔之后发送一个消息

在子线程中通过 Handler 对象发送消息后，Handler 的 handleMessage()方法会判断消息的来源并进行消息处理。消息处理过程是异步进行的，并不会影响主线程的执行，如例 7-3 所示。

【例 7-3】 使用 Handler 实现子线程与主线程间的通信。

activity_main.xml 文件：

```
<?xml version="1.0" encoding="utf-8"?>
<LinearLayout xmlns:android="http://schemas.android.com/apk/res/android"
    android:layout_width="match_parent"
    android:layout_height="match_parent"
    android:orientation="vertical" >
    <Button
        android:id="@+id/btn"
        android:layout_width="match_parent"
        android:layout_height="wrap_content"
        android:text="运行" />
    <TextView
        android:id="@+id/txtnum"
        android:layout_width="match_parent"
        android:layout_height="100dp"
        android:gravity="center"
        android:textSize="18sp" />
</LinearLayout>
```

MainActivity.java 文件：

```
public class MainActivity extends AppCompatActivity {
    private Button btn;
    private TextView tv;
    private int num=50;
    private int count = 0; //用于计数
    private Handler handler = new Handler(new Handler.Callback() {
        @Override
        public boolean handleMessage(Message msg) {
            if (msg.what==2) {
                tv.setText("当前的计数为： "+count);
            }
            return true;
        }
    });
    @Override
```

```
    protected void onCreate(Bundle savedInstanceState) {
        super.onCreate(savedInstanceState);
        setContentView(R.layout.activity_main);
        btn = (Button) findViewById(R.id.btn);
        tv = (TextView) findViewById(R.id.txtnum);
        btn.setOnClickListener(new View.OnClickListener() {
            @Override
            public void onClick(View v) {
                new Thread(new Runnable() {
                    @Override
                    public void run() {
                        for (int i = 1; i <= 100; i++) {
                            count++;
                            try {
                                Thread.sleep(1000);
                            } catch (InterruptedException e) {
                                e.printStackTrace();
                            }
                            handler.sendEmptyMessage(2);
                        }
                    }
                }).start();
            }
        });
    }
}
```

图 7-3　程序运行结果

程序运行结果如图 7-3 所示。

可以看到在一秒之后，使用全局创建的 handler 对象调用 sendEmptyMessage()方法发送了一个消息，消息内容为 what 等于 2，handler 对象内部重写的 handleMessage()方法会接收此消息，接收消息时会根据 what 参数判断消息的来源，只有当 what 的值等于 2 时，才做相应处理。

7.2　Message 对象

例 7-3 中，使用 sendEmptyMessage()方法发送的是一个简单数据(what 等于 2)，如果需要传递一些实体对象给主线程，那么就需要使用到 Message。Message 是一个实体类对象，并且在该对象中有一些参数让传递的消息变得更为丰富，各参数的说明如表 7-2 所示。

表 7-2　Message 中的主要参数及说明

参数名	说　明
arg1	int 类型，当传递的消息只包含整数时，可以使用该字段以降低成本。该字段可以直接访问也可以通过成员方法 setData()和 getData()访问
arg2	
obj	Object 类型，可以为任意类型
what	int 类型，是用户定义的消息类型码，接收方可以根据该字段判断是哪个线程发送的

Message 对象有两个方法，分别为 getData()方法和 setData()方法。getData()方法用于获取数据，setData()方法用于设置数据。这两个方法的参数都是一个 Bundle 对象。该 Bundle 对象是一个以 String 为键、以任意可封装的数据为值的 map。

例 7-3 中如果需要传递具体的计数值，也可以使用封装的 Message 对象来完成。需要注意的是，接收时根据 what 值进行区分，代码如下：

```
Message msg = new Message();
msg.what = 2;
msg.arg1 = count;
handler.sendMessage(msg); //发送一个实体的消息对象
```

7.3　MessageQueue 消息队列

MessageQueue 是一个用来存放 Message 消息的消息队列，为什么会有队列的概念呢？这就不得不提到对 Handler 机制的理解。

如果有一个子线程需要给主线程发送消息，则需要使用主线程的 Handler 对象调用 sendMessage()方法将消息传入，这个消息最终流转到 MessageQueue 对象中，子线程发送来的消息都放在这个消息队列中，MessageQueue 会按照一定的规则取出要执行的 Message。

MessageQueue 主要包含两个操作：插入和读取。读取操作会伴随着删除操作，插入和读取对应的方法分别为 enqueueMessage()和 next()，其中 enqueueMessage()的作用是往消息队列中插入一条消息，而 next()的作用是从消息队列中取出一条消息并将其从消息队列中移除。虽然 MessageQueue 叫消息队列，但是它的内部实现并不是用队列实现，实际上它是通过一个单链表的数据结构来维护消息列表，单链表在插入和删除上比较有优势。

7.4　Looper 消息循环

通过 MessageQueue 的讲解，可知 Message 消息的存放位置，但是整个消息是怎么流转的呢？单纯的 MessageQueue 没有办法实现消息的流转，消息的流转是通过 Looper 来实现的。

7.4.1 Looper 简介

Looper 是驱动整个消息流转的核心对象，又被称为消息循环，系统内部通过一个循环操作来进行消息的处理。MessageQueue 是一个先进先出的消息队列结构，自身不具备消息的取出功能，需要借助 Looper 从消息队列中取出 Message，通过 dispatchMessage()方法将 Message 提交给 Message 的目标对象，也就是 Handler 对象的 handleMessage()方法。Handler、Looper、Message、MessageQueue 之间的关系如图 7-4 所示。

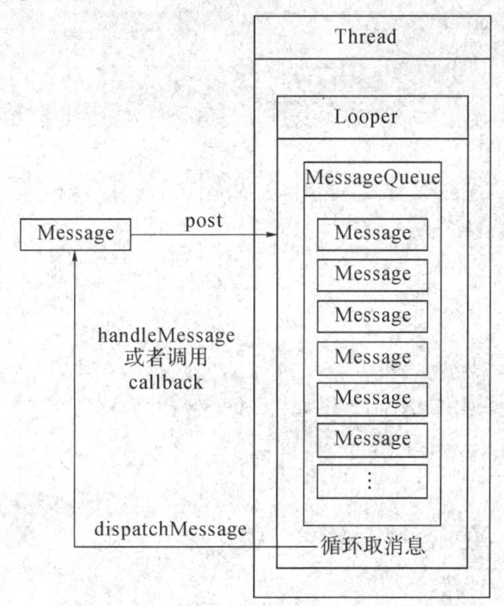

图 7-4 Handler、Looper、Message、MessageQueue 之间的关系

7.4.2 主线程向子线程发送消息

由于在 Android 应用启动之后就启动了一个主线程，并且该主线程默认拥有 Looper 对象，因此子线程可以向主线程发送消息。但是，如果是主线程向子线程发送消息，由于默认子线程的创建是没有 Looper 对象的，因此需要在 Handler 对象的初始化前初始化 Looper 对象，并且在 Handler 对象创建之后，调用 Looper.loop()方法开启消息循环，如例 7-4 所示。

【例 7-4】 主线程向子线程发送消息。

activity_main.xml 文件：

```
<?xml version="1.0" encoding="utf-8"?>
<LinearLayout xmlns:android="http://schemas.android.com/apk/res/android"
    android:layout_width="match_parent"
    android:layout_height="match_parent"
    android:orientation="vertical" >
    <Button
        android:id="@+id/btn"
```

```
        android:layout_width="match_parent"
        android:layout_height="wrap_content"
        android:text="运行" />
    <TextView
        android:id="@+id/txtnum"
        android:layout_width="match_parent"
        android:layout_height="100dp"
        android:gravity="center"
        android:textSize="18sp" />
</LinearLayout>
```

MainActivity.java 文件：

```
public class MainActivity extends AppCompatActivity {
    private int count = 0;
    private Handler handler;
    private Button btn;
    @Override
    protected void onCreate(Bundle savedInstanceState) {
        super.onCreate(savedInstanceState);
        setContentView(R.layout.activity_main);
        btn = (Button) findViewById(R.id.btn);
        new Thread(new Runnable() {
            @Override
            public void run() {
                Looper.prepare();
                handler = new Handler(new Handler.Callback() {
                    @Override
                    public boolean handleMessage(Message msg) {
                        if (msg.what==10) {
                            Log.i("TAG", "接收到了："+msg.arg1);
                            String str = (String) msg.obj;
                            Log.i("TAG", "接收到了："+str);
                        }
                        return true;
                    }
                });
                Looper.loop();
            }
        }).start();
        btn.setOnClickListener(new View.OnClickListener() {
```

```
            @Override
            public void onClick(View v) {
                count++;
                Message msg = Message.obtain();
                msg.what = 10; //用于区分是哪一个线程对象发送的
                msg.arg1 = count;
                msg.obj = "传递字符串内容";
                handler.sendMessage(msg);
            }
        });
    }
}
```

程序运行后，点击“运行”按钮，通过日志可以看到通过主线程发给子线程的消息，如图 7-5 所示。

```
10-10 07:18:20.702 1593-1612/system_process I/ActivityManager: Displayed com.bjsxt.demo7_4/.MainActivity: +480ms
10-10 07:18:42.000 31404-31417/com.bjsxt.demo7_4 I/TAG: 接收到了：1
10-10 07:18:42.000 31404-31417/com.bjsxt.demo7_4 I/TAG: 接收到了：传递字符串内容
```

图 7-5 日志信息

线程间通信时，如需要给一个线程发送消息，就使用该线程的 Handler 对象调用 sendMessage()方法，最终该消息实体对象就会来到 Handler 中执行 handleMessage()方法。如果是在子线程中创建 Handler，那么在创建之前首先要初始化 Looper 对象，并且创建之后调用 Loop.loop()方法开启消息循环，这样就可以完成线程间的通信。

7.5 AsyncTask 异步任务执行类

Android 系统还提供了一个类，这个类直接可以实现子线程更新主线程的 UI 操作，该类被称之为轻量级的异步任务执行类 AsyncTask。在 AsyncTask 类中可以实现异步操作，并且提供接口，反馈当前异步执行的结果以及进度。

需要注意的是，AsyncTask 类本身是一个抽象类，在使用过程中需要先继承该类，实现其内部的方法，然后在主线程中创建异步任务对象，再执行就可以了。一个异步任务的执行一般包括以下步骤：

(1) execute(Params... params)，执行一个异步任务，需要在代码中调用此方法，触发异步任务的执行。

(2) onPreExecute()，在 execute(Params... params)被调用后立即执行，一般用来在执行后台任务前对 UI 做一些标记。

(3) doInBackground(Params... params)，在 onPreExecute()完成后立即执行，用于执行较为费时的操作，此方法将接收输入参数并返回计算结果。在执行过程中，可以调用 publishProgress(Progress... values)来更新进度信息。

(4) onProgressUpdate(Progress... values)，在调用 publishProgress(Progress... values)时，此方法被执行，直接将进度信息更新到 UI 组件上。

(5) onPostExecute(Result result)，当后台操作结束时，此方法将会被调用，计算结果将作为参数传递到此方法中，并直接将结果显示到 UI 组件上。

下面通过一个例子来展示如何通过 AsyncTask 类异步更新主界面，如例 7-5 所示。

【例 7-5】 AsyncTask 的使用。

activity_main.xml 文件：

```
<?xml version="1.0" encoding="utf-8"?>
<RelativeLayout xmlns:android="http://schemas.android.com/apk/res/android"
    xmlns:tools="http://schemas.android.com/tools"
    android:layout_width="match_parent"
    android:layout_height="match_parent"
    android:paddingBottom="10dp"
    android:paddingLeft="10dp"
    android:paddingRight="10dp"
    android:paddingTop="10dp"
    tools:context=".MainActivity" >
    <Button
        android:id="@+id/btn"
        android:layout_width="wrap_content"
        android:layout_height="wrap_content"
        android:layout_alignParentTop="true"
        android:layout_centerHorizontal="true"
        android:layout_marginTop="154dp"
        android:text="点击开启异步任务" />
    <ProgressBar
        android:id="@+id/pbar"
        style="?android:attr/progressBarStyleHorizontal"
        android:layout_width="match_parent"
        android:layout_height="wrap_content"
        android:layout_alignParentTop="true"
        android:layout_centerHorizontal="true"
        android:layout_marginTop="18dp" />
    <TextView
        android:id="@+id/tv"
        android:layout_width="wrap_content"
        android:layout_height="wrap_content"
        android:layout_below="@+id/pbar"
        android:textSize="20sp"
        android:layout_centerHorizontal="true"
```

```
        android:layout_marginTop="60dp"
        android:text="显示当前的下载进度" />
</RelativeLayout>
```

DownTask.java 文件：

```
public class DownTask extends AsyncTask<String, Integer, String> {
    private ProgressBar pbar;
    private TextView tv;
    public DownTask(ProgressBar pbar, TextView tv) {
        super();
        this.pbar = pbar;
        this.tv = tv;
    }
    @Override
    protected void onPreExecute() {
        super.onPreExecute();
        pbar.setMax(200);
    }
    @SuppressLint("WrongThread")
    @Override
    protected String doInBackground(String... params) {
        while(pbar.getProgress()<pbar.getMax()){
            try {
                Thread.sleep(1000);
            } catch (InterruptedException e) {
                e.printStackTrace();
            }
            publishProgress(pbar.getProgress()+5);
        }
        if (pbar.getProgress()>=pbar.getMax()) {
            return "下载完成";
        }
        return null;
    }
    @Override
    protected void onProgressUpdate(Integer... values) {
        super.onProgressUpdate(values);
        pbar.setProgress(values[0]);
        tv.setText("当前的下载值是："+pbar.getProgress());
    }
    @Override
```

```
    protected void onPostExecute(String result) {
        super.onPostExecute(result);
        if (result!=null) {
            tv.setText(result);
        }
    }
}
```

MainActivity.java 文件：

```
public class MainActivity extends AppCompatActivity {
    private TextView tv;
    private ProgressBar pbar;
    @Override
    protected void onCreate(Bundle savedInstanceState) {
        super.onCreate(savedInstanceState);
        setContentView(R.layout.activity_main);
        pbar = (ProgressBar) findViewById(R.id.pbar);
        tv = (TextView) findViewById(R.id.tv);
        findViewById(R.id.btn).setOnClickListener(new View.OnClickListener() {
            @Override
            public void onClick(View v) {
                DownTask downTask = new DownTask(pbar, tv);
                downTask.execute();
            }
        });
    }
}
```

程序运行结果如图 7-6 所示。

图 7-6　程序运行结果

习　题

1. 简述 Handler、Message、MessageQueue 在线程间通信中的作用。
2. 设计程序，实现一个可以控制开始和结束的秒表。

第 8 章　数 据 存 储

本章主要讲解在 Android 中如何保存数据。用户在和数据进行交互时，免不了需要将数据保存起来，这种操作也叫作数据的持久化操作。Android 系统中主要提供了三种方式用于实现数据持久化，即文件存储、SharedPreferences 存储以及 SQLite 存储。

8.1　文 件 存 储

文件存储是 Android 中最基本的一种数据存储方式，它不对存储的内容进行任何的格式化处理，所有数据都是原封不动地保存到文件中，比较适合于存储一些简单的不要求加密的文本数据或二进制数据。

8.1.1　将数据存储到文件中

Android 的 ContextWrapper 类中提供了一个 openFileOutput()方法，可以用于将数据存储到指定的文件中。该方法有两个参数：第一个参数是文件名，在文件创建时使用该名称，注意这里的文件名不可以包含路径，因为所有的文件都是默认存储到/data/data/<package name>/files/ 目录下；第二个参数是文件的操作模式，常用的有两种模式，即 MODE_PRIVATE 和 MODE_APPEND，其中 MODE_PRIVATE 是默认的操作模式，表示所写入的内容将会覆盖原文件中的内容，MODE_APPEND 则表示如果文件存在就往文件里面追加内容，如果文件不存在就创建新文件。

openFileOutput ()方法返回的是一个 FileOutputStream 对象，得到对象后就可以使用 Java 流的方式将数据写入到文件中。将一段文本内容保存到文件中的代码如下：

```
public boolean writeFile(String inputText) {
    FileOutputStream out = null;
    BufferedWriter writer = null;
    try {
        out = openFileOutput("data", Context.MODE_PRIVATE);
        writer = new BufferedWriter(new OutputStreamWriter(out));
        writer.write(inputText);
        return true;
    } catch (IOException e) {
        e.printStackTrace();
        return false;
```

```
    } finally {
        try {
            if (writer != null) {
                writer.close();
            }
        } catch (IOException e) {
            e.printStackTrace();
        }
    }
}
```

这里通过 openFileOutput()方法得到一个 FileOutputStream 对象，然后使用 OutputStreamWriter 构建出一个 BufferedWriter 对象，最后通过 BufferedWriter 对象的 write 方法将文本内容写入到文件中，如例 8-1 所示。

【例 8-1】 将数据写入文件。

activity_main.xml 文件：

```
<?xml version="1.0" encoding="utf-8"?>
<LinearLayout xmlns:android="http://schemas.android.com/apk/res/android"
    android:orientation="vertical"
    android:layout_width="match_parent"
    android:layout_height="match_parent">
    <EditText
        android:id="@+id/et"
        android:layout_width="match_parent"
        android:layout_height="wrap_content"/>
    <Button
        android:id="@+id/bt"
        android:layout_width="match_parent"
        android:layout_height="wrap_content"
        android:text="保存数据" />
</LinearLayout>
```

MainActivity.java 文件：

```
public class MainActivity extends AppCompatActivity {
    private EditText editText;
    private Button button;
    FileOutputStream out = null;
    BufferedWriter writer = null;
    @Override
    protected void onCreate(Bundle savedInstanceState) {
        super.onCreate(savedInstanceState);
        setContentView(R.layout.activity_main);
```

```
        editText=findViewById(R.id.et);
        button=findViewById(R.id.bt);
        button.setOnClickListener(new View.OnClickListener() {
            @Override
            public void onClick(View v) {
                try {
                    out = openFileOutput("bjsxt", Context.MODE_PRIVATE);
                    writer = new BufferedWriter(new OutputStreamWriter(out));
                    writer.write(editText.getText().toString());
                    Toast.makeText(MainActivity.this, "保存成功", Toast.LENGTH_SHORT).show();
                } catch (IOException e) {
                    e.printStackTrace();
                    Toast.makeText(MainActivity.this, "保存失败", Toast.LENGTH_SHORT).show();
                } finally {
                    try {
                        if (writer != null) {
                            writer.close();
                        }
                    } catch (IOException e) {
                        e.printStackTrace();
                    }
                }
            }
        });
    }
}
```

程序运行结果如图 8-1 所示。

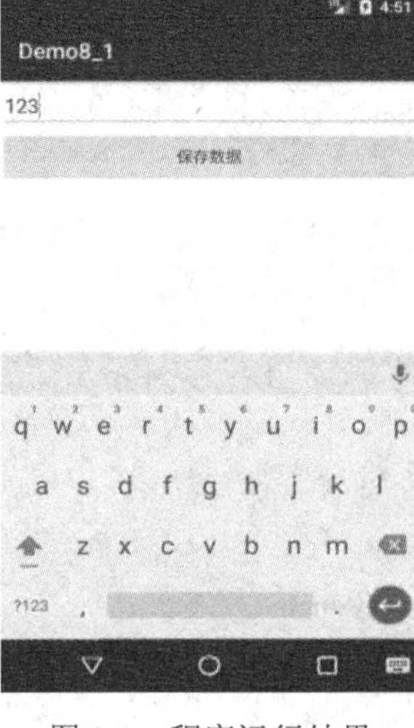

图 8-1　程序运行结果

在 Android 6.0 以后的版本中，模拟器限制查看/data 文件夹。为了查看写入文件的内容，需要临时将模拟器的版本改为 Android 6.0。Android Studio 3.0 以后，Android Device Monitor 不再集成到 Android Studio 菜单中，需要打开 Android SDK 目录下的 tools 文件夹，运行 monitor.bat 批处理文件来打开 Android Device Monitor。打开 Android Device Monitor 后，点击【File Explorer】项，在文件列表中依次打开【data】→【data】→【com.example.demo8_1】→【files】，可以看到创建的 bjsxt 文件，如图 8-2 所示。选择 bjsxt 文件，导出到本地，查看其内容，如图 8-3 所示，说明数据已写入文件。

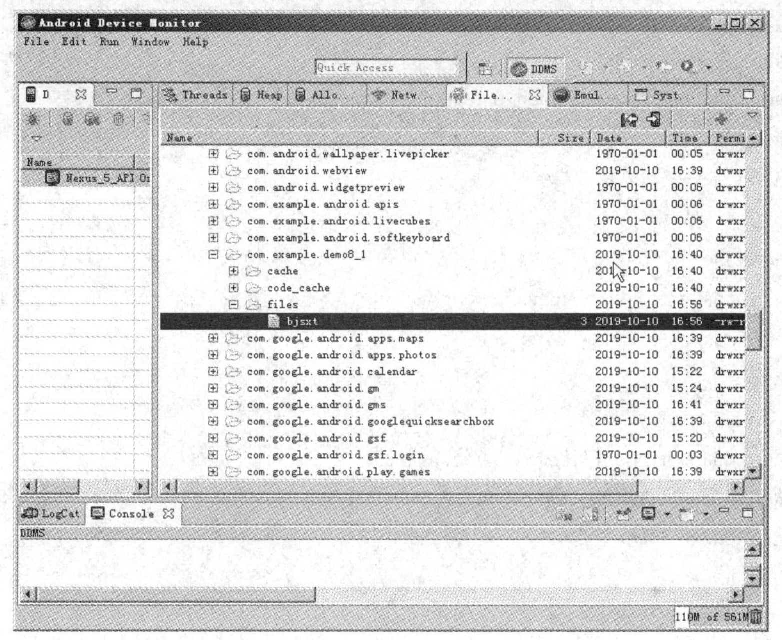

图 8-2　生成的 bjsxt 文件

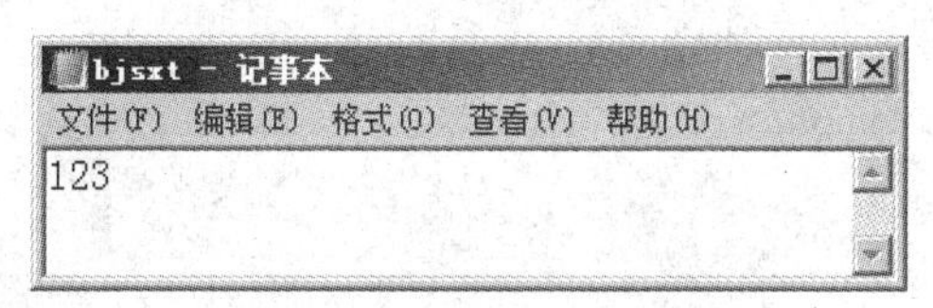

图 8-3　bjsxt 文件中的内容

8.1.2　从文件中读取数据

Android 的 ContextWrapper 类中提供一个 openFileInput()方法，该方法可以从文件中读取数据。openFileInput ()方法只有一个参数，即要读取的文件名，系统会自动到/data/data/<package name>/files/路径下加载文件，并返回一个 FileInputStream 对象，得到了这个对象之后，再通过 Java 流的方式将数据读取出来，如例 8-2 所示。

【例 8-2】 读取文件中的数据。

activity_main.xml 文件：

```
<?xml version="1.0" encoding="utf-8"?>
<LinearLayout xmlns:android="http://schemas.android.com/apk/res/android"
```

```
    android:orientation="vertical"
    android:layout_width="match_parent"
    android:layout_height="match_parent">
    <EditText
        android:id="@+id/et"
        android:layout_width="match_parent"
        android:layout_height="wrap_content"/>
    <Button
        android:id="@+id/bt"
        android:layout_width="match_parent"
        android:layout_height="wrap_content"
        android:text="写入数据" />
    <EditText
        android:id="@+id/et2"
        android:layout_width="match_parent"
        android:layout_height="wrap_content"/>
    <Button
        android:id="@+id/bt2"
        android:layout_width="match_parent"
        android:layout_height="wrap_content"
        android:text="读取数据" />
</LinearLayout>
```

MainActivity.java 文件：

```
public class MainActivity extends AppCompatActivity {
    private EditText editText, editText2;
    private Button button, button2;
    FileInputStream in = null;
    BufferedReader reader = null;
    FileOutputStream out = null;
    BufferedWriter writer = null;
    @Override
    protected void onCreate(Bundle savedInstanceState) {
        super.onCreate(savedInstanceState);
        setContentView(R.layout.activity_main);
        editText=findViewById(R.id.et);
        button=findViewById(R.id.bt);
        editText2=findViewById(R.id.et2);
        button2=findViewById(R.id.bt2);
        button.setOnClickListener(new View.OnClickListener() {
            @Override
```

```
        public void onClick(View v) {
            try {
                out = openFileOutput("bjsxt", Context.MODE_PRIVATE);
                writer = new BufferedWriter(new OutputStreamWriter(out));
                writer.write(editText.getText().toString());
                Toast.makeText(MainActivity.this, "写入成功", Toast.LENGTH_SHORT).show();
            } catch (IOException e) {
                e.printStackTrace();
                Toast.makeText(MainActivity.this, "写入失败", Toast.LENGTH_SHORT).show();
            } finally {
                try {
                    if (writer != null) {
                        writer.close();
                    }
                } catch (IOException e) {
                    e.printStackTrace();
                }
            }
        }
    });
    button2.setOnClickListener(new View.OnClickListener() {
        @Override
        public void onClick(View v) {
            try {
                in = openFileInput("bjsxt");
                reader = new BufferedReader(new InputStreamReader(in));
                String line = "";
                while ((line = reader.readLine()) != null) {
                    editText2.append(line);
                }
                Toast.makeText(MainActivity.this, "读取成功", Toast.LENGTH_SHORT).show();
            } catch (IOException e) {
                e.printStackTrace();
                Toast.makeText(MainActivity.this, "读取失败", Toast.LENGTH_SHORT).show();
            } finally {
                if (reader != null) {
                    try {
                        reader.close();
                    } catch (IOException e) {
```

```
                        e.printStackTrace();
                    }
                }
            }
        }
    });
  }
}
```

程序运行结果如图 8-4 所示。

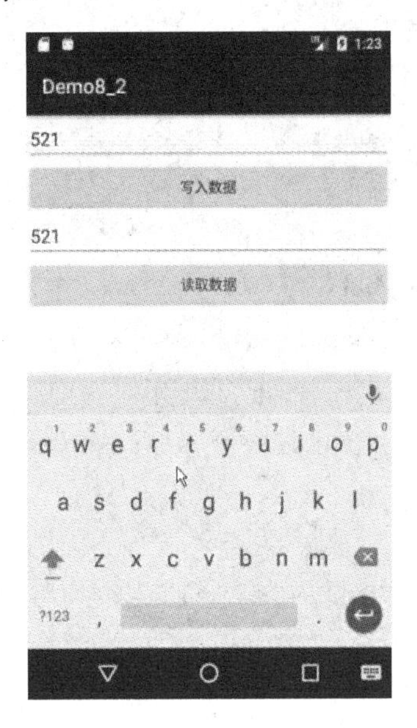

图 8-4　程序运行结果

8.2　SharedPreferences 存储

SharedPreferences 是使用键值对的方式来存储数据，当保存一条数据时，需要给这条数据提供一个对应的键，这样在读取数据时就可以通过这个键把相应的数据取出来。SharedPreferences 还支持多种不同的数据类型存储，如果存储的数据类型是整型，那么读取出来的数据也是整型；如果存储的数据是一个字符串，那么读取出来的数据仍然是字符串。

8.2.1　数据写入 SharedPreferences 中

使用 SharedPreferences 来存储数据，首先需要获取到 SharedPreferences 对象。SharedPreferences 对象的获取方式，一般有以下三种方式可以选择：

(1) 在 Activity 中使用 getPreferences()方法获取。此方法只有一个参数，即操作模式参数。操作模式参数一般使用 MODE_PRIVATE，也是 Android 默认操作文件的模式。在这种文件操作模式下，再次操作文件会覆盖原来的内容。文件的操作模式还有其他几种可以选择，比如 MODE_APPEND 会在文件末尾追加内容。getPreferences()不需要指明 SharedPreferences 文件名，它会将当前 Activity 的类名作为 SharedPreferences 文件名。

(2) 通过 Context 类中的 getSharedPreferences()方法获取。此方法有两个参数：第一个参数用于指定 SharedPreferences 文件的名称，如果指定的文件不存在则会创建一个，SharedPreferences 文件都存放在/data/data/<package name>/shared_prefs/目录下；第二个参数用于指定操作模式，有两种模式可以选择，即 MODE_PRIVATE 和 MODE_MULTI_PROCESS，MODE_PRIVATE 是默认的操作模式，表示只有当前的应用程序才可以对这个 SharedPreferences 文件进行读写。

(3) 通过 PreferenceManager 类中的 getDefaultSharedPreferences()方法获取。此方法是一种静态方法，有一个参数，自动使用当前应用程序的包名作为前缀来命名 SharedPreferences 文件。

得到了 SharedPreferences 对象后，就可以开始向 SharedPreferences 文件中存储数据。向 SharedPreferences 文件中存储数据的一般步骤如下：

(1) 调用 SharedPreferences 对象的 edit 方法获取 Editor 接口的实现对象。

(2) 调用 Editor 对象的 putXXX 方法使用键值对的形式进行数据的保存。

(3) 调用 Editor 对象的 commit 方法进行数据的提交，完成保存过程。

下面通过一个例子来展示如何通过 Context 类中的 getSharedPreferences()方法获取 SharedPreferences 对象，并将数据保存到 SharedPreferences 中，如例 8-3 所示。

【例 8-3】 将数据写入到 SharedPreferences 文件中。

activity_main.xml 文件：

```
<?xml version="1.0" encoding="utf-8"?>
<LinearLayout xmlns:android="http://schemas.android.com/apk/res/android"
    android:orientation="vertical"
    android:layout_width="match_parent"
    android:layout_height="match_parent">
    <EditText
        android:id="@+id/et"
        android:layout_width="match_parent"
        android:layout_height="wrap_content"/>
    <Button
        android:id="@+id/bt"
        android:layout_width="match_parent"
        android:layout_height="wrap_content"
        android:text="写入数据" />
</LinearLayout>
```

MainActivity.java 文件：

```
public class MainActivity extends AppCompatActivity {
    private EditText editText;
```

```
    private Button button;
    private SharedPreferences preferences;
    @Override
    protected void onCreate(Bundle savedInstanceState) {
        super.onCreate(savedInstanceState);
        setContentView(R.layout.activity_main);
        editText=findViewById(R.id.et);
        button=findViewById(R.id.bt);
        preferences = getSharedPreferences("store", MODE_PRIVATE);
        button.setOnClickListener(new View.OnClickListener() {
            @Override
            public void onClick(View v) {
                SharedPreferences.Editor editor = preferences.edit();
                editor.putString("报名电话:", editText.getText().toString());
                if (editor.commit()) {
                    Toast.makeText(MainActivity.this, "写入成功", Toast.LENGTH_SHORT).show();
                } else {
                    Toast.makeText(MainActivity.this, "写入失败", Toast.LENGTH_SHORT).show();
                }
            }
        });
    }
}
```

程序运行结果如图 8-5 所示。

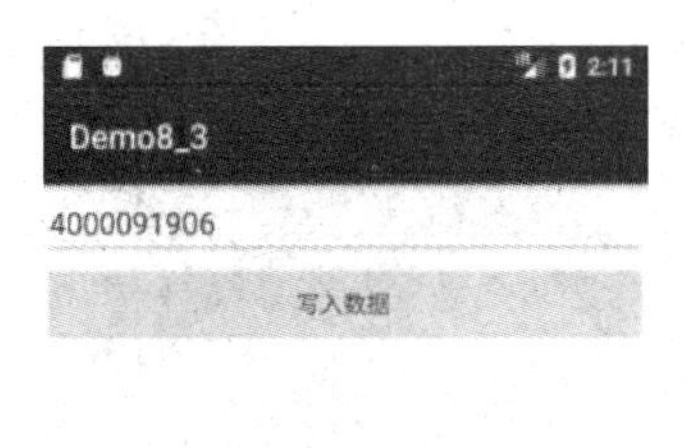

图 8-5　程序运行结果

打开 Android Device Monitor，点击【File Explorer】项，在文件列表中依次打开【data】→【data】→【com.bjsxt.demo8_3】→【shared_prefs】，可以看到 store.xml 文件，如图 8-6 所示。选择 store.xml 文件，导出到本地，查看其内容，如图 8-7 所示，说明数据已写入文件。

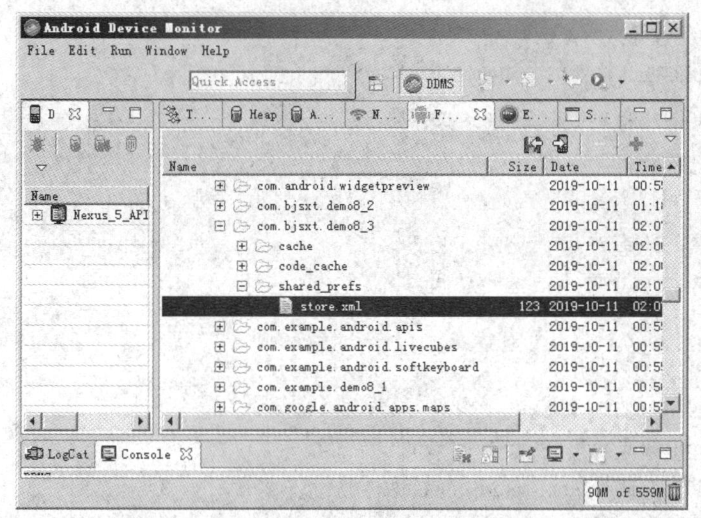

图 8-6　Android Device Monitor 中查看生成的文件

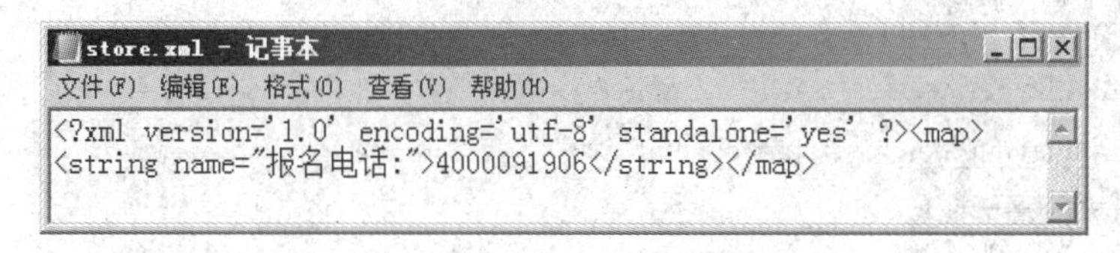

图 8-7　store.xml 文件内容

8.2.2　读取 SharedPreferences 中的数据

SharedPreferences 对象提供了一系列的 get 方法用于对存储的数据进行读取，每种 get 方法都对应了 SharedPreferences.Editor 中的一种 put 方法，如读取一个布尔型数据就使用 getBoolean()方法，读取一个字符串就使用 getString()方法。这些 get 方法都接收两个参数：第一个参数是键，即传入存储数据时使用的键；第二个参数是默认值，表示当传入的键找不到对应的值时，会以什么样的默认值进行返回。

读取 SharedPreferences 中数据的一般操作步骤如下：

(1) 获取 SharedPreferences 对象。

(2) 调用 SharedPreferences 对象的 getXXX 方法。

下面通过一个例子来展示如何通过 Context 类中的 getSharedPreferences()方法获取 SharedPreferences 对象，并读取保存到 SharedPreferences 中的数据，如例 8-4 所示。

【例 8-4】 读取 SharedPreferences 文件中的数据。

activity_main.xml 文件：

```
<?xml version="1.0" encoding="utf-8"?>
<LinearLayout xmlns:android="http://schemas.android.com/apk/res/android"
```

```
    android:orientation="vertical"
    android:layout_width="match_parent"
    android:layout_height="match_parent">
    <EditText
        android:id="@+id/et"
        android:layout_width="match_parent"
        android:layout_height="wrap_content"/>
    <Button
        android:id="@+id/bt"
        android:layout_width="match_parent"
        android:layout_height="wrap_content"
        android:text="写入数据" />
    <EditText
        android:id="@+id/et2"
        android:layout_width="match_parent"
        android:layout_height="wrap_content"/>
    <Button
        android:id="@+id/bt2"
        android:layout_width="match_parent"
        android:layout_height="wrap_content"
        android:text="读取数据" />
</LinearLayout>
```

MainActivity.java 文件：

```
public class MainActivity extends AppCompatActivity {
    private EditText editText, editText2;
    private Button button, button2;
    private SharedPreferences preferences;
    @Override
    protected void onCreate(Bundle savedInstanceState) {
        super.onCreate(savedInstanceState);
        setContentView(R.layout.activity_main);
        editText=findViewById(R.id.et);
        button=findViewById(R.id.bt);
        editText2=findViewById(R.id.et2);
        button2=findViewById(R.id.bt2);
        preferences = getSharedPreferences("store", MODE_PRIVATE);
        button.setOnClickListener(new View.OnClickListener() {
            @Override
            public void onClick(View v) {
```

```
                SharedPreferences.Editor editor = preferences.edit();
                editor.putString("报名电话:", editText.getText().toString());
                if (editor.commit()) {
                    Toast.makeText(MainActivity.this, "写入成功", Toast.LENGTH_SHORT).show();
                } else {
                    Toast.makeText(MainActivity.this, "写入失败", Toast.LENGTH_SHORT).show();
                }
            }
        });
        button2.setOnClickListener(new View.OnClickListener() {
            @Override
            public void onClick(View v) {
                editText2.setText(preferences.getString("报名电话:", ""));
            }
        });
    }
}
```

程序运行结果如图 8-8 所示。

图 8-8　程序运行结果

8.3　SQLite 存储

文件存储和 SharedPreferences 存储只适用于保存一些简单的数据，当需要存储大量复杂的关系型数据时，以上两种存储方式都不太适合。

Android 系统内置了 SQLite 数据库，SQLite 是一款轻量级的关系型数据库，它的运算速度非常快，占用资源很少，通常只需要几百 KB 的内存，因而特别适合在移动设备上使用。SQLite 不仅支持标准的 SQL 语法，还遵循了数据库的 ACID 事务，所以只要使用过其他的关系型数据库，就可以很快上手 SQLite，而 SQLite 又比一般的数据库要简单得多，它甚至不用设置用户名和密码就可以使用。Android 把这个功能极为强大的数据库嵌入到了系统中，使得本地持久化的功能有了一次质的飞跃。

8.3.1　创建数据库

Android 系统提供了一个 SQLiteOpenHelper 帮助类，借助该类就可以方便地创建和升级数据库。SQLiteOpenHelper 是一个抽象类，使用时需要继承它并编写自己的实现类。SQLiteOpenHelper 抽象类中有两个重要的方法，分别是 onCreate()和 onUpgrade()，通过重写这两个方法可以实现数据库的创建和升级。

操作数据库前，需要建立数据库连接并打开数据库。对于打开 SQLite 数据库，SQLiteOpenHelper 提供了两个重要方法，分别是 getReadableDatabase()和 getWritableDatabase()，这两个方法都可以创建或打开一个现有的数据库(如果数据库已存在则直接打开，否则创建一个新的数据库)，并返回一个可对数据库进行读写操作的对象。不同的是，当数据库不可写入的时候(如磁盘空间已满)，getReadableDatabase()方法将以只读的方式打开数据库，而 getWritableDatabase()方法则将出现异常。

SQLiteOpenHelper 中有三个构造方法，可以根据实际需求进行重写，代码如下：

```
    public SQLiteOpenHelper(@Nullable Context context, @Nullable String name, @Nullable CursorFactory factory, int version)
    public SQLiteOpenHelper(@Nullable Context context, @Nullable String name, @Nullable CursorFactory factory, int version, @Nullable DatabaseErrorHandler errorHandler)
    public SQLiteOpenHelper(@Nullable Context context, @Nullable String name, int version, @NonNull OpenParams openParams)
```

通过构造方法，可构建出 SQLiteOpenHelper 的实例，再调用它的 getReadableDatabase()或 getWritableDatabase()方法就能够创建数据库，数据库文件会存放在/data/data/<package name>/databases/目录下。

如果数据库在文件系统中已经存在，那么之后不管怎么获取数据库对象都不会再次调用 onCreate()方法，如果数据库的版本提升了，onUpgrade()方法就会被调用，如例 8-5 所示。

【例 8-5】 创建 SQLite 数据库。

activity_main.xml 文件：

```
<?xml version="1.0" encoding="utf-8"?>
<LinearLayout xmlns:android="http://schemas.android.com/apk/res/android"
    android:layout_width="match_parent"
    android:layout_height="match_parent"
    android:orientation="vertical" >
    <Button
```

```
        android:id="@+id/create_database"
        android:layout_width="match_parent"
        android:layout_height="wrap_content"
        android:text="创建数据库"/>
</LinearLayout>
```

MySqliteHelper.java 文件：

```
public class MySqliteHelper extends SQLiteOpenHelper {
    private Context mContext;
    public MySqliteHelper(Context context, String name, SQLiteDatabase.CursorFactory factory, int
version) {
        super(context, name, factory, version);
        mContext = context;
    }
    @Override
    public void onCreate(SQLiteDatabase db) {
        String sql = "create table person (id integer primary key autoincrement, name varchar(200), age int)";
        db.execSQL(sql);//执行 sql
    }
    @Override
    public void onUpgrade(SQLiteDatabase db, int oldVersion, int newVersion) {

    }
}
```

MainActivity.java 文件：

```
public class MainActivity extends AppCompatActivity {
    private MySqliteHelper dbHelper;
    @Override
    protected void onCreate(Bundle savedInstanceState) {
        super.onCreate(savedInstanceState);
        setContentView(R.layout.activity_main);
        dbHelper = new MySqliteHelper(this, "bjsxt.db", null, 1);
        Button createDatabase = (Button) findViewById(R.id.create_database);
        createDatabase.setOnClickListener(new View.OnClickListener() {
            @Override
            public void onClick(View v) {
                dbHelper.getWritableDatabase();
            }
        });
    }
}
```

运行程序后，如图 8-9 所示，点击“创建数据库”按钮。

图 8-9　程序运行结果

创建数据库后，打开 Android Device Monitor，点击【File Explorer】项，在文件列表中依次打开【data】→【data】→【com.bjsxt.demo8_5】→【databases】，可以看到 bjsxt.db 文件，如图 8-10 所示，说明数据库已创建。

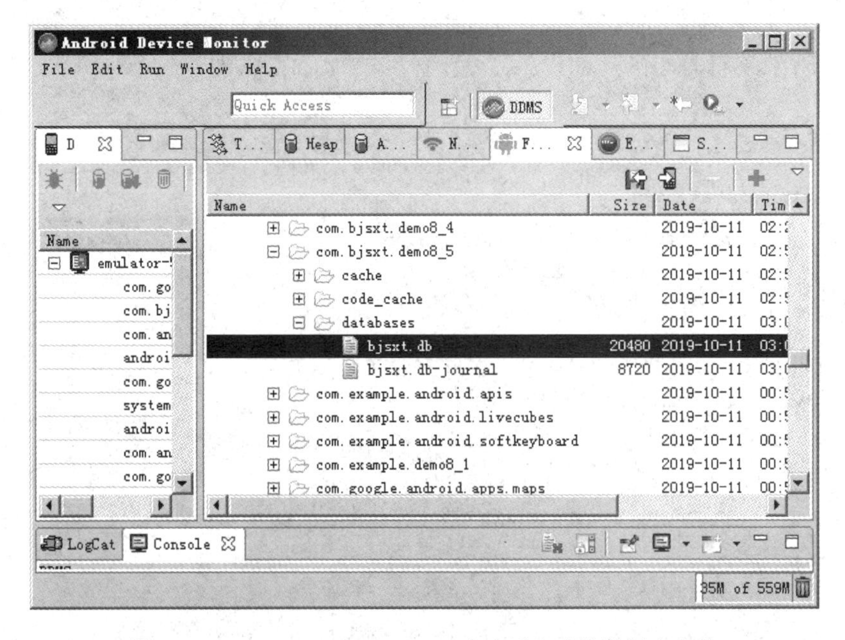

图 8-10　Android Device Monitor 中查看生成的数据库文件

查看 bjsxt.db 库中的表，需要使用 adb 工具。adb 是 Android SDK 中自带的一个设备控制台工具，在 sdk 的 platform-tools 目录下，名为：adb.exe。使用时，需要将 platform-tools 目录添加到系统环境变量 path 中，添加后在 DOS 模式下运行 adb shell 命令，即可进入设备控制台，如图 8-11 所示。

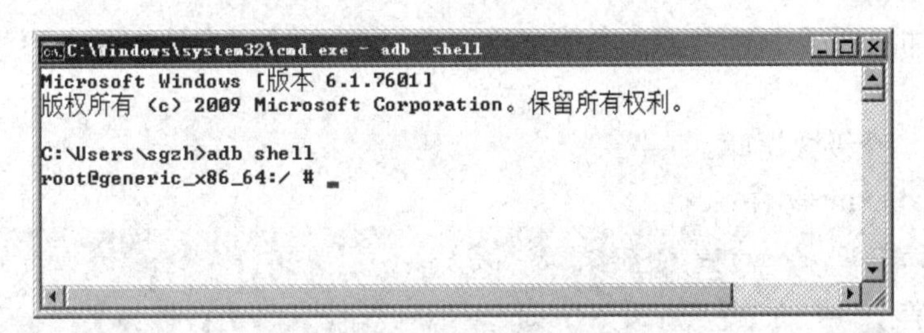

图 8-11　设备控制台界面

设备控制台采用 Linux shell 命令行方式，切换到数据库所在的目录/data/data/com.bjsxt.demo8_5/databases，查看当前目录下的文件，如图 8-12 所示。

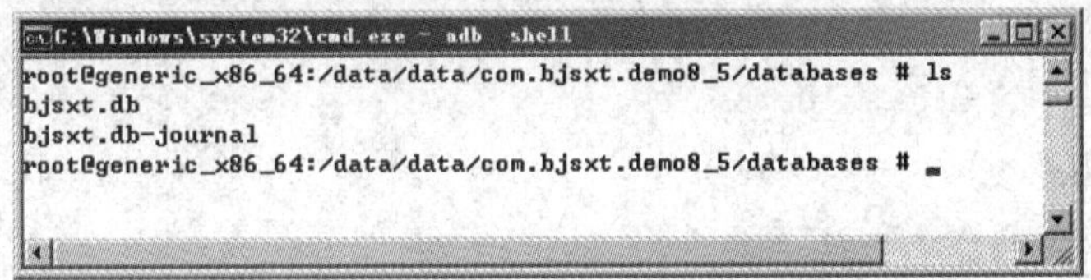

图 8-12　查看 databases 目录下的文件

在提示符下执行 sqlite3 bjsxt.db 命令，打开 bjsxt.db 数据库，打开后执行.tables 命令，查看数据库中的表，如图 8-13 所示。

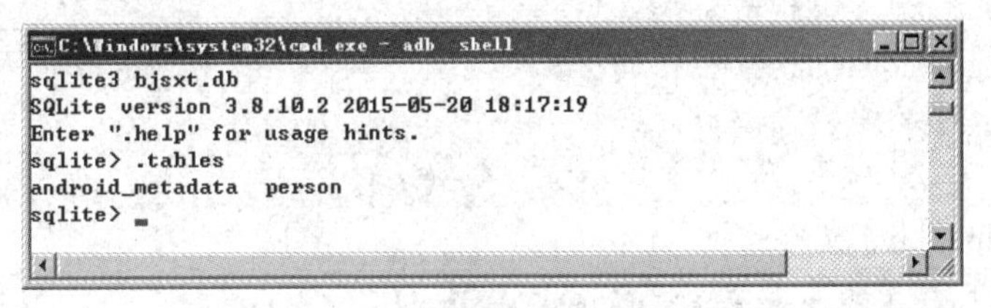

图 8-13　查看数据库中的表

可以看到此时 bjsxt.db 中有两张表，分别为 android_metadata 和 person，android_metadata 是系统默认创建的表，person 是我们创建的的表。在命令行提示符后继续执行.schema person 命令，查看 person 表的表结构，如图 8-14 所示。

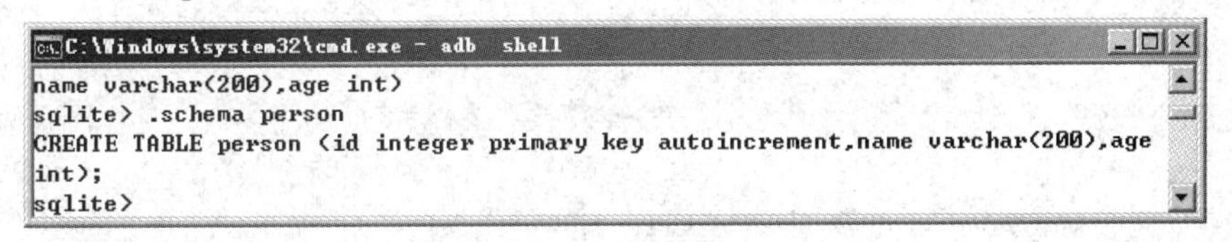

图 8-14　查看 person 表结构

8.3.2　升级数据库

在 SQLiteOpenHelper 的构造方法中，可以设置 SQLite 数据库的版本，代码如下：

```
public MySqliteHelper(Context context, String name, SQLiteDatabase.CursorFactory factory, int
version) {}
```

在构造方法中，version 参数用来设置版本号，如需升级数据库，需要将该参数修改为大于上一个版本的数值，修改后系统会判断当前版本号是否大于上一个版本号，如果大于将执行 SQLiteOpenHelper 中的 onUpgrade()方法。在 onUpgrade()方法中可以对数据库表进行升级维护，如果新版中弃用某个表或字段，在 onUpgrade()方法中要做相应的删除操作，如例 8-6 所示。

【例 8-6】 升级数据库。

activity_main.xml 文件：

```
<?xml version="1.0" encoding="utf-8"?>
<LinearLayout xmlns:android="http://schemas.android.com/apk/res/android"
    android:layout_width="match_parent"
    android:layout_height="match_parent"
    android:orientation="vertical" >
    <Button
        android:id="@+id/create_database"
        android:layout_width="match_parent"
        android:layout_height="wrap_content"
        android:text="创建数据库"/>
    <Button
        android:id="@+id/update_database"
        android:layout_width="match_parent"
        android:layout_height="wrap_content"
        android:text="升级数据库"/>
</LinearLayout>
```

MySqliteHelper.java 文件：

```
public class MySqliteHelper extends SQLiteOpenHelper {
    private Context mContext;
    public MySqliteHelper(Context context, String name, SQLiteDatabase.CursorFactory factory, int
version) {
        super(context, name, factory, version);
        mContext = context;
    }
    @Override
    public void onCreate(SQLiteDatabase db) {
        String sql = "create table person (id integer primary key autoincrement,name varchar(200), age int)";
        db.execSQL(sql); //执行 sql
    }
    @Override
    public void onUpgrade(SQLiteDatabase db, int oldVersion, int newVersion) {
        db.execSQL("create table student(id int)");
        String sql = "alter table person add address varchar(200)";
        db.execSQL(sql);
    }
}
```

MainActivity.java 文件：

```
public class MainActivity extends AppCompatActivity {
    private MySqliteHelper dbHelper;
    @Override
    protected void onCreate(Bundle savedInstanceState) {
        super.onCreate(savedInstanceState);
        setContentView(R.layout.activity_main);
        Button createDatabase = (Button) findViewById(R.id.create_database);
        Button updateDatabase = (Button) findViewById(R.id.update_database);
        createDatabase.setOnClickListener(new View.OnClickListener() {
            @Override
            public void onClick(View v) {
                dbHelper = new MySqliteHelper(MainActivity.this, "bjsxt.db", null, 1);
                dbHelper.getWritableDatabase();
            }
        });
        updateDatabase.setOnClickListener(new View.OnClickListener() {
            @Override
            public void onClick(View v) {
                dbHelper = new MySqliteHelper(MainActivity.this, "bjsxt.db", null, 2);
                dbHelper.getWritableDatabase();
            }
        });
    }
}
```

程序运行结果如图 8-15 所示。

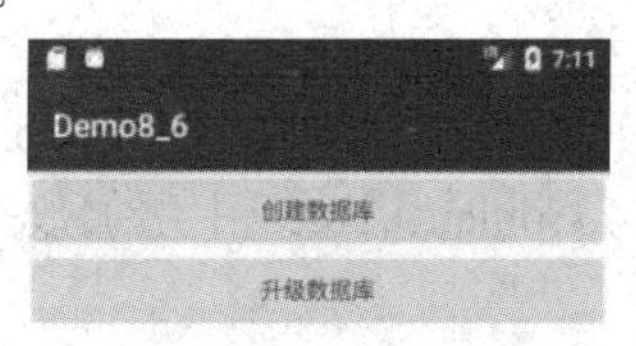

图 8-15　程序运行结果

程序运行后，首先点击“创建数据库”，再点击“升级数据库”，由于创建时指定的版本号为 1，升级时指定的版本号为 2，因此系统会执行 SQLiteOpenHelper 中的 onUpgrade()方法。在该方法中执行了两个操作：

(1) 新建一个 student 表，并且该表包含一个字段 id，字段类型为 int 型。

(2) 在 person 表中增加一个 address 字段，字段类型为 varchar 型。

操作完成后打开 adb 工具，查看 bjsxt.db 数据库，student 表成功添加，如图 8-16 所示。

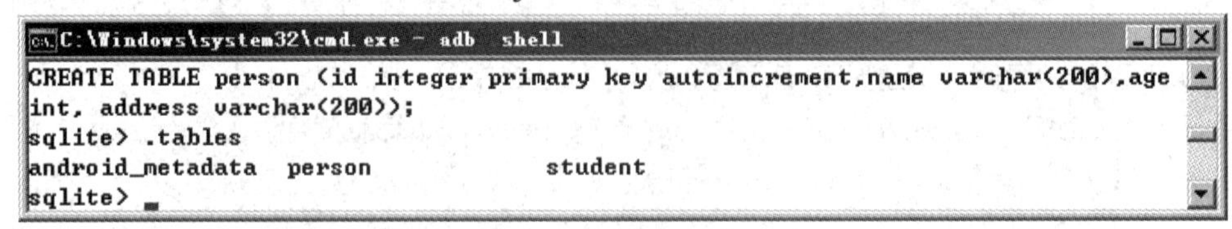

图 8-16 查看数据库表

继续查看 person 表结构，address 字段成功添加，如图 8-17 所示。

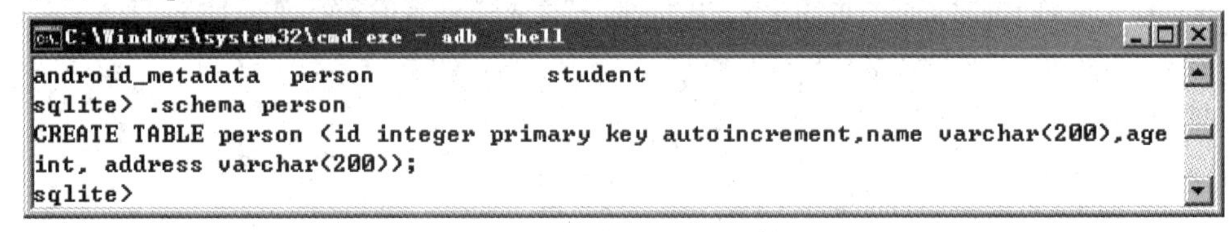

图 8-17 查看 person 表结构

8.3.3 增加数据

在 SQLite 数据库中如果需要进行增、删、改、插等操作，可以使用两种方式，即使用数据库对象执行 sql 语句的形式或者调用系统已经封装好的方法。

通过调用 SQLiteOpenHelper 中的 getReadableDatabase()或 getWritableDatabase()方法都可以返回一个 SQLiteDatabase 对象，该对象中提供了一个 insert()方法，该方法可以用来向数据库中添加数据。

insert()方法有三个参数：第一个参数是表名；第二个参数是给某些可为空的字段自动赋值 null，一般传入 null 值即可；第三个参数是一个 ContentValues 对象，该对象提供了一系列 put()方法的重载，用于向 ContentValues 中添加数据，需要将待添加数据的字段名以及值传入，如例 8-7 所示。

【例 8-7】 增加数据。

activity_main.xml 文件：

```
<?xml version="1.0" encoding="utf-8"?>
<LinearLayout xmlns:android="http://schemas.android.com/apk/res/android"
    android:layout_width="match_parent"
    android:layout_height="match_parent"
    android:orientation="vertical" >
    <Button
        android:id="@+id/create_database"
        android:layout_width="match_parent"
```

```
        android:layout_height="wrap_content"
        android:text="创建数据库"/>
    <Button
        android:id="@+id/add_data"
        android:layout_width="match_parent"
        android:layout_height="wrap_content"
        android:text="添加数据"/>
</LinearLayout>
```

MySqliteHelper.java 文件：

```
public class MySqliteHelper extends SQLiteOpenHelper {
    private Context mContext;
    public MySqliteHelper(Context context, String name, SQLiteDatabase.CursorFactory factory, int version) {
        super(context, name, factory, version);
        mContext = context;
    }
    @Override
    public void onCreate(SQLiteDatabase db) {
        String sql = "create table person (id integer primary key autoincrement,name varchar(200),age int)";
        db.execSQL(sql);
    }
    @Override
    public void onUpgrade(SQLiteDatabase db, int oldVersion, int newVersion) {
        db.execSQL("create table student(id int)");
        String sql = "alter table person add address varchar(200)";
        db.execSQL(sql);
    }
}
```

MainActivity.java 文件：

```
public class MainActivity extends AppCompatActivity {
    private MySqliteHelper dbHelper;
    @Override
    protected void onCreate(Bundle savedInstanceState) {
        super.onCreate(savedInstanceState);
        setContentView(R.layout.activity_main);
        Button createDatabase = (Button) findViewById(R.id.create_database);
        Button addData = (Button) findViewById(R.id.add_data);
        createDatabase.setOnClickListener(new View.OnClickListener() {
            @Override
            public void onClick(View v) {
```

```
                dbHelper = new MySqliteHelper(MainActivity.this, "bjsxt.db", null, 1);
                dbHelper.getWritableDatabase();
            }
        });
        addData.setOnClickListener(new View.OnClickListener() {
            @Override
            public void onClick(View v) {
                SQLiteDatabase db = dbHelper.getWritableDatabase();
                ContentValues values = new ContentValues();
                values.put("name", "gaoqi");
                values.put("age", "35");
                db.insert("person", null, values);
            }
        });
    }
}
```

程序运行结果如图 8-18 所示。

图 8-18　程序运行结果

程序运行后，首先点击“创建数据库”，然后点击“添加数据”，操作完成后，查看 person 表，数据成功添加，如图 8-19 所示。

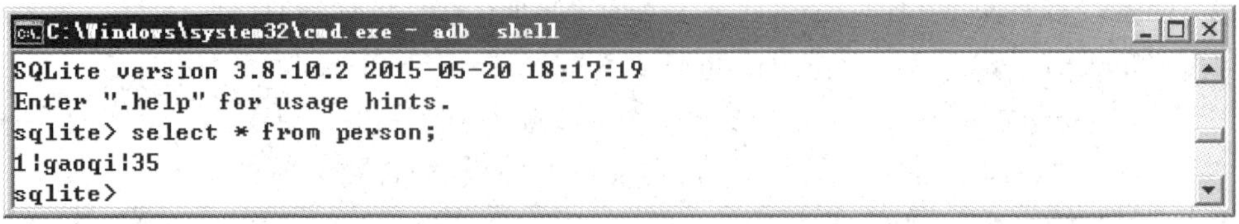

```
C:\Windows\system32\cmd.exe - adb  shell
SQLite version 3.8.10.2 2015-05-20 18:17:19
Enter ".help" for usage hints.
sqlite> select * from person;
1|gaoqi|35
sqlite>
```

图 8-19　查看 person 表数据

添加数据也可以用 SQLiteDatabase 对象执行 sql 语句的形式。sql 语句采用语句拼接的方式，也可以使用占位符填充的形式，目的是构造一条可以直接执行的 sql 语句，例如修改例 8-7，定义 sql 语句为 "insert into person (name, age) values ('gaoqi', 35)"，并调用 SQLiteDatabase 中的 execSQL()方法执行该 sql 语句，代码如下：

```
SQLiteDatabase db = dbHelper.getWritableDatabase();
String sql = "insert into person (name, age) values ('gaoqi', 35)";
db.execSQL(sql);
db.close();
```

也可以采用 sql 语句占位符的方式，代码如下：

```
SQLiteDatabase db = dbHelper.getWritableDatabase();
String sql = "insert into person(name, age)values(?, ?)";
db.execSQL(sql, new Object[]{"gaoqi", 35});
db.close();
```

8.3.4　删除数据

SQLiteDatabase 对象中提供了一个 delete()方法。该方法有三个参数：第一个参数是表名；第二、第三个参数用来指定删除条件，如果不指定将会删除全部数据，如例 8-8 所示。

【例 8-8】 删除数据。

activity_main.xml 文件：

```
<?xml version="1.0" encoding="utf-8"?>
<LinearLayout xmlns:android="http://schemas.android.com/apk/res/android"
    android:layout_width="match_parent"
    android:layout_height="match_parent"
    android:orientation="vertical" >
    <Button
        android:id="@+id/create_database"
        android:layout_width="match_parent"
        android:layout_height="wrap_content"
        android:text="创建数据库"/>
    <Button
        android:id="@+id/add_data"
        android:layout_width="match_parent"
        android:layout_height="wrap_content"
        android:text="添加数据"
        />
    <Button
        android:id="@+id/del_data"
        android:layout_width="match_parent"
```

```
        android:layout_height="wrap_content"
        android:text="删除数据"/>
</LinearLayout>
```

MySqliteHelper.java 文件：

```
public class MySqliteHelper extends SQLiteOpenHelper {
    private Context mContext;
    public MySqliteHelper(Context context, String name, SQLiteDatabase.CursorFactory factory, int version) {
        super(context, name, factory, version);
        mContext = context;
    }
    @Override
    public void onCreate(SQLiteDatabase db) {
        String sql = "create table person (id integer primary key autoincrement,name varchar(200),age int)";
        db.execSQL(sql);//执行 sql
    }
    @Override
    public void onUpgrade(SQLiteDatabase db, int oldVersion, int newVersion) {
        db.execSQL("create table student(id int)");
        String sql = "alter table person add address varchar(200)";
        db.execSQL(sql);
    }
}
```

MainActivity.java 文件：

```
public class MainActivity extends AppCompatActivity {
    private MySqliteHelper dbHelper;
    @Override
    protected void onCreate(Bundle savedInstanceState) {
        super.onCreate(savedInstanceState);
        setContentView(R.layout.activity_main);
        Button createDatabase = (Button) findViewById(R.id.create_database);
        Button addData = (Button) findViewById(R.id.add_data);
        Button delData = (Button) findViewById(R.id.del_data);
        createDatabase.setOnClickListener(new View.OnClickListener() {
            @Override
            public void onClick(View v) {
                dbHelper = new MySqliteHelper(MainActivity.this, "bjsxt.db", null, 1);
                dbHelper.getWritableDatabase();
            }
        });
```

```
        addData.setOnClickListener(new View.OnClickListener() {
            @Override
            public void onClick(View v) {
                SQLiteDatabase db = dbHelper.getWritableDatabase();
                ContentValues values = new ContentValues();
                for (int i = 30; i < 50; i++) {
                    values.put("name", "gaoqi"+i);
                    values.put("age", i);
                    db.insert("person", null, values);
                    values.clear();
                }
                db.close();
            }
        });
        delData.setOnClickListener(new View.OnClickListener() {
            @Override
            public void onClick(View v) {
                SQLiteDatabase db = dbHelper.getWritableDatabase();
                db.delete("person", "age > ?", new String[] { "40" });
            }
        });
    }
}
```

程序运行结果如图 8-20 所示。

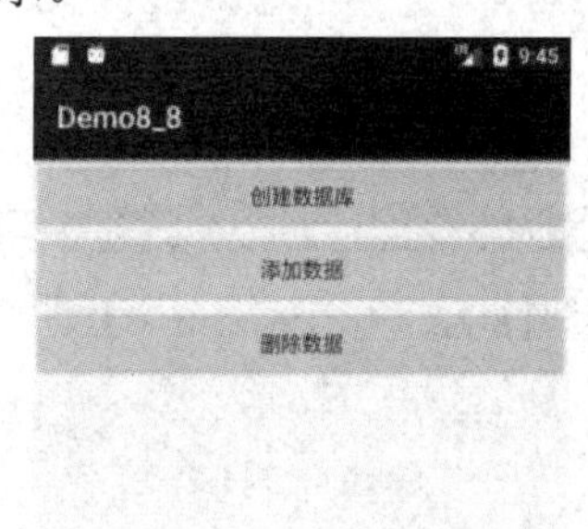

图 8-20　程序运行结果

程序运行后，首先点击“创建数据库”，然后点击“添加数据”，程序中运用循环向表 person 添加了 20 条数据，通过查询语句“select * from person”，查看添加数据后的结果，如图 8-21 所示。

```
C:\Windows\system32\cmd.exe - adb  shell
root@generic_x86_64:/data/data/com.bjsxt.demo8_8/databases # sqlite3 bjsxt.db
SQLite version 3.8.10.2 2015-05-20 18:17:19
Enter ".help" for usage hints.
sqlite> select * from person;
1|gaoqi30|30
2|gaoqi31|31
3|gaoqi32|32
4|gaoqi33|33
5|gaoqi34|34
6|gaoqi35|35
7|gaoqi36|36
8|gaoqi37|37
9|gaoqi38|38
10|gaoqi39|39
11|gaoqi40|40
12|gaoqi41|41
13|gaoqi42|42
14|gaoqi43|43
15|gaoqi44|44
16|gaoqi45|45
17|gaoqi46|46
18|gaoqi47|47
19|gaoqi48|48
20|gaoqi49|49
sqlite>
```

图 8-21　查看 person 表数据

添加数据后，点击“删除数据”，程序中通过语句“db.delete("person", "age > ?", new String[] { "40" });”指定删除 age 大于 40 的记录，通过查询语句“select * from person”，再次查看数据记录，发现已成功删除了 age 大于 40 的表记录，如图 8-22 所示。

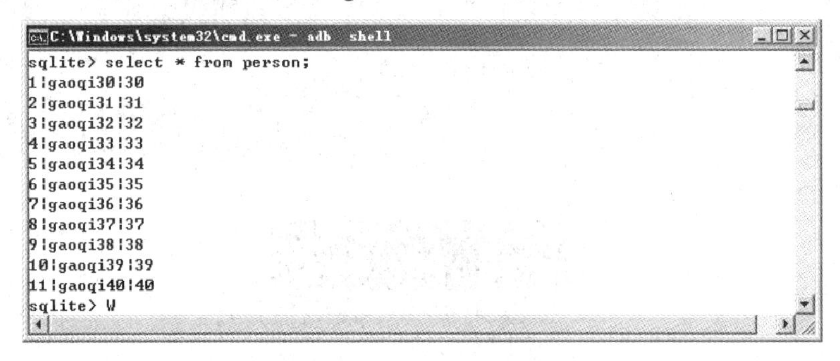

图 8-22　查看 person 表数据

8.3.5　修改数据

SQLiteDatabase 对象中提供了一个 update()方法。该方法有四个参数：第一个参数是表名；第二个参数是 ContentValues 对象，该对象提供了一系列 put()方法的重载，用于向 ContentValues 中添加数据，需要将待修改数据的字段名以及值传入；第三、第四个参数用来指定更新条件，若不指定则默认为更新所有行，如例 8-9 所示。

【例 8-9】 修改数据。

activity_main.xml 文件：

```
<?xml version="1.0" encoding="utf-8"?>
<LinearLayout xmlns:android="http://schemas.android.com/apk/res/android"
```

```
    android:layout_width="match_parent"
    android:layout_height="match_parent"
    android:orientation="vertical" >
    <Button
        android:id="@+id/create_database"
        android:layout_width="match_parent"
        android:layout_height="wrap_content"
        android:text="创建数据库"/>
    <Button
        android:id="@+id/add_data"
        android:layout_width="match_parent"
        android:layout_height="wrap_content"
        android:text="添加数据"/>
    <Button
        android:id="@+id/edit_data"
        android:layout_width="match_parent"
        android:layout_height="wrap_content"
        android:text="修改数据"/>
</LinearLayout>
```

MySqliteHelper.java 文件：

```
public class MySqliteHelper extends SQLiteOpenHelper {
    private Context mContext;
    public MySqliteHelper(Context context, String name, SQLiteDatabase.CursorFactory factory, int
version) {
        super(context, name, factory, version);
        mContext = context;
    }
    @Override
    public void onCreate(SQLiteDatabase db) {
        String sql = "create table person (id integer primary key autoincrement, name varchar(200), age int)";
        db.execSQL(sql);
    }
    @Override
    public void onUpgrade(SQLiteDatabase db, int oldVersion, int newVersion) {
        db.execSQL("create table student(id int)");
        String sql = "alter table person add address varchar(200)";
        db.execSQL(sql);
    }
}
```

MainActivity.java 文件：

```
public class MainActivity extends AppCompatActivity {
    private MySqliteHelper dbHelper;
    @Override
    protected void onCreate(Bundle savedInstanceState) {
        super.onCreate(savedInstanceState);
        setContentView(R.layout.activity_main);
        Button createDatabase = (Button) findViewById(R.id.create_database);
        Button addData = (Button) findViewById(R.id.add_data);
        Button editData = (Button) findViewById(R.id.edit_data);
        createDatabase.setOnClickListener(new View.OnClickListener() {
            @Override
            public void onClick(View v) {
                dbHelper = new MySqliteHelper(MainActivity.this, "bjsxt.db", null, 1);
                dbHelper.getWritableDatabase();
            }
        });
        addData.setOnClickListener(new View.OnClickListener() {
            @Override
            public void onClick(View v) {
                SQLiteDatabase db = dbHelper.getWritableDatabase();
                ContentValues values = new ContentValues();
                for (int i = 30; i < 50; i++) {
                    values.put("name", "gaoqi"+i);
                    values.put("age", i);
                    db.insert("person", null, values);
                    values.clear();
                }
                db.close();
            }
        });
        editData.setOnClickListener(new View.OnClickListener() {
            @Override
            public void onClick(View v) {
                SQLiteDatabase db = dbHelper.getWritableDatabase();
                ContentValues values = new ContentValues();
                values.put("age", 35);
                db.update("person", values,"age > ?", new String[] { "35" });
            }
```

```
        });
    }
}
```

程序运行结果如图 8-23 所示。

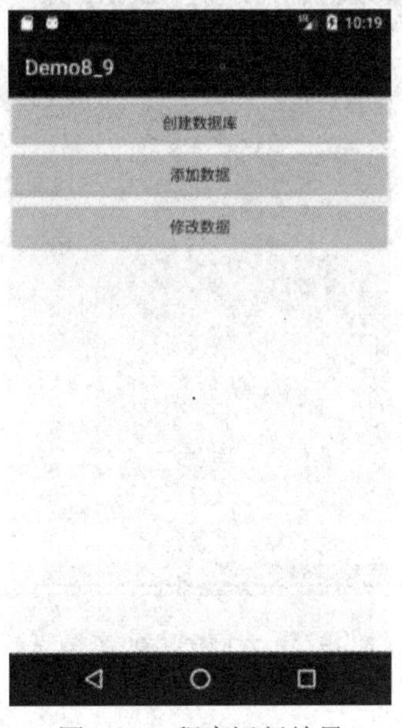

图 8-23　程序运行结果

程序运行后，首先点击“创建数据库”，然后点击“添加数据”，程序中运用循环向表 person 添加了 20 条数据，通过查询语句“select * from person”，查看添加数据后的结果，如图 8-24 所示。

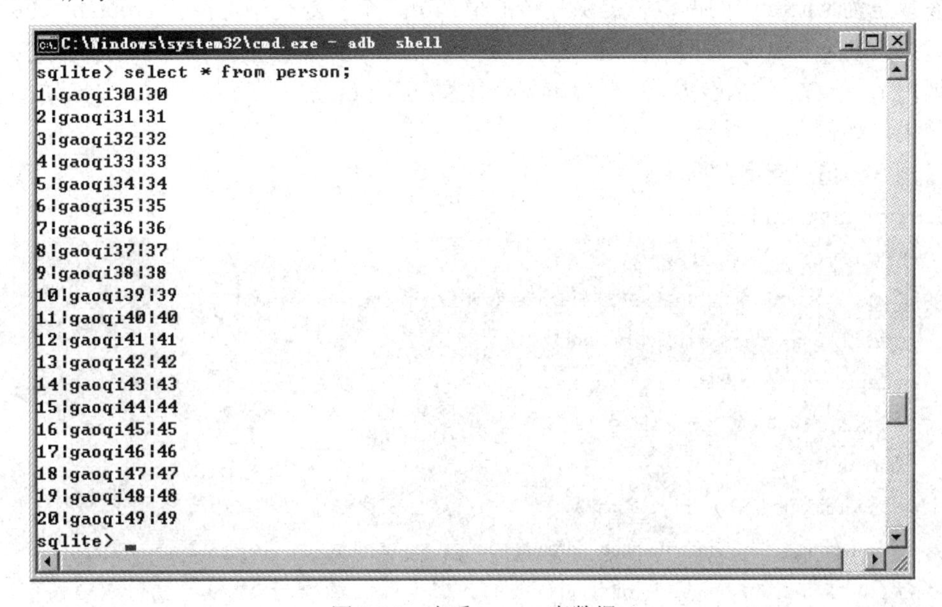

图 8-24　查看 person 表数据

添加数据后，点击“修改数据”，程序中通过语句“values.put("age", 35);”和

“db.update("person", values,"age > ?", new String[] { "35" });” 将 age 大于 35 的记录全部更新为 age 等于 35，通过查询语句 “select * from person”，再次查看数据记录，发现 age 大于 35 的记录已经全部更新为 age 等于 35，如图 8-25 所示。

```
C:\Windows\system32\cmd.exe - adb  shell
sqlite> select * from person;
1|gaoqi30|30
2|gaoqi31|31
3|gaoqi32|32
4|gaoqi33|33
5|gaoqi34|34
6|gaoqi35|35
7|gaoqi36|35
8|gaoqi37|35
9|gaoqi38|35
10|gaoqi39|35
11|gaoqi40|35
12|gaoqi41|35
13|gaoqi42|35
14|gaoqi43|35
15|gaoqi44|35
16|gaoqi45|35
17|gaoqi46|35
18|gaoqi47|35
19|gaoqi48|35
20|gaoqi49|35
sqlite>
```

图 8-25　查看 person 表数据

8.3.6　查询数据

SQLiteDatabase 对象中提供了一个 query()方法。该方法有七个参数：第一个参数是指定查询的表名；第二个参数是指定查询的列名；第三个参数是指定 where 的约束条件；第四个参数是为 where 中的占位符提供具体的值；第五个参数是指定需要 group by 的列；第六个参数是对 group by 后的结果进一步约束；第七个参数是指定查询结果的排序方式。

调用 query()方法后会返回一个 Cursor 对象，Cursor 是一个游标对象，内部放置了查询的结果，如例 8-10 所示。

【例 8-10】 查询数据。

activity_main.xml 文件：

```
<?xml version="1.0" encoding="utf-8"?>
<LinearLayout xmlns:android="http://schemas.android.com/apk/res/android"
    android:layout_width="match_parent"
    android:layout_height="match_parent"
    android:orientation="vertical" >
    <Button
        android:id="@+id/create_database"
        android:layout_width="match_parent"
        android:layout_height="wrap_content"
        android:text="创建数据库"/>
    <Button
```

```
        android:id="@+id/add_data"
        android:layout_width="match_parent"
        android:layout_height="wrap_content"
        android:text="添加数据"/>
    <Button
        android:id="@+id/select_data"
        android:layout_width="match_parent"
        android:layout_height="wrap_content"
        android:text="查询数据"/>
</LinearLayout>
```

MySqliteHelper.java 文件：

```
public class MySqliteHelper extends SQLiteOpenHelper {
    private Context mContext;
    public MySqliteHelper(Context context, String name, SQLiteDatabase.CursorFactory factory, int
version) {
        super(context, name, factory, version);
        mContext = context;
    }
    @Override
    public void onCreate(SQLiteDatabase db) {
        String sql = "create table person (id integer primary key autoincrement, name varchar(200), age int)";
        db.execSQL(sql);
    }
    @Override
    public void onUpgrade(SQLiteDatabase db, int oldVersion, int newVersion) {
        db.execSQL("create table student(id int)");
        String sql = "alter table person add address varchar(200)";
        db.execSQL(sql);
    }
}
```

MainActivity.java 文件：

```
public class MainActivity extends AppCompatActivity {
    private MySqliteHelper dbHelper;
    protected void onCreate(Bundle savedInstanceState) {
        super.onCreate(savedInstanceState);
        setContentView(R.layout.activity_main);
        Button createDatabase = (Button) findViewById(R.id.create_database);
        Button addData = (Button) findViewById(R.id.add_data);
        Button selectData = (Button) findViewById(R.id.select_data);
```

```
        createDatabase.setOnClickListener(new View.OnClickListener() {
            @Override
            public void onClick(View v) {
                dbHelper = new MySqliteHelper(MainActivity.this, "bjsxt.db", null, 1);
                dbHelper.getWritableDatabase();
            }
        });
        addData.setOnClickListener(new View.OnClickListener() {
            @Override
            public void onClick(View v) {
                SQLiteDatabase db = dbHelper.getWritableDatabase();
                ContentValues values = new ContentValues();
                for (int i = 30; i < 50; i++) {
                    values.put("name", "gaoqi"+i);
                    values.put("age", i);
                    db.insert("person", null, values);
                    values.clear();
                }
                db.close();
            }
        });
        selectData.setOnClickListener(new View.OnClickListener() {
            @Override
            public void onClick(View v) {
                SQLiteDatabase db = dbHelper.getWritableDatabase();
                Cursor cursor = db.query("person", null, "age > ?", new String[]{"48"}, null, null, null);
                if (cursor.moveToFirst()) {
                    do {
                        String name = cursor.getString(cursor. getColumnIndex("name"));
                        String age = cursor.getString(cursor. getColumnIndex("age"));
                        Log.d("MainActivity", "name is " + name);
                        Log.d("MainActivity", "age is " + age);
                    } while (cursor.moveToNext());
                }
                cursor.close();
            }
        });
    }
}
```

程序运行结果如图 8-23 所示。

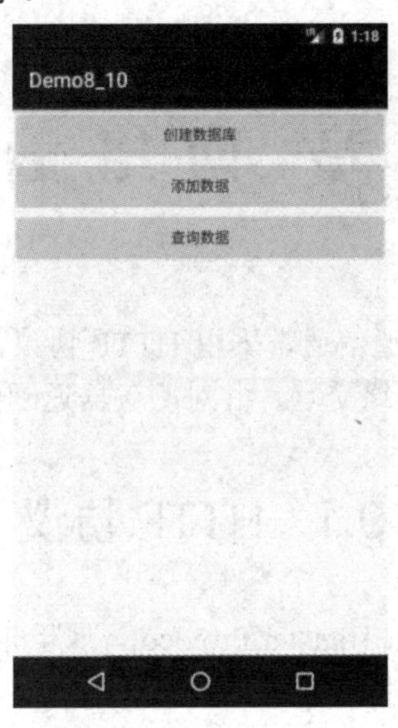

图 8-26　程序运行结果

程序运行后，首先点击“创建数据库”，然后点击“添加数据”，程序中运用循环向表 person 添加了数据，再点击“查询数据”，程序中通过语句“Cursor cursor = db.query("person", null, "age > ?", new String[]{"48"}, null, null, null);”指定查询 age 大于 48 的记录，通过日志窗口可以看到查询到一条记录，如图 8-27 所示。

```
10-11 13:17:40.035 3973-3995/com.bjsxt.demo8_10 D/EGL_emulation: eglMakeCurrent: 0xac43b4c0: ver 2 0 (tinfo 0xaab0fef0)
10-11 13:17:56.037 3973-3973/com.bjsxt.demo8_10 D/MainActivity: name is gaoqi49
10-11 13:17:56.037 3973-3973/com.bjsxt.demo8_10 D/MainActivity: age  is 49
```

图 8-27　日志信息

习　　题

1. 简述文件存储的读写过程。
2. 简述 SharedPreferences 存储的读写过程。
3. 设计程序，使用 SQLite 存储实现一个课程表。

第9章　网络通信

Android 客户端与服务器端通信通常采用 HTTP 协议，本章主要讲解如何在手机端使用 HTTP 协议与服务器端进行网络交互，并对服务器返回的数据进行解析。

9.1　HTTP 协议

HTTP 协议，全称 HyperText Transfer Protocol，属于 TCP/IP 协议族，是网络中常用的协议之一。HTTP 通信最显著的特点是客户端发送的每次请求都需要服务器的响应，在请求结束之后，主动释放连接。在 HTTP 1.0 中，客户端每次请求都需要建立一次单独的连接，在处理完本次请求之后，会自动释放连接。在 HTTP 1.1 中，建立一次连接后，可以处理多个请求，并且多个请求可以同时进行，不需要等待一个请求结束之后再发送下一个请求。HTTP 1.1 支持持久连接，提高了请求的效率。

HTTP 通信首先需要建立连接，建立连接后，客户端向服务器端发出请求，服务器端收到请求后才会响应，如图 9-1 所示。

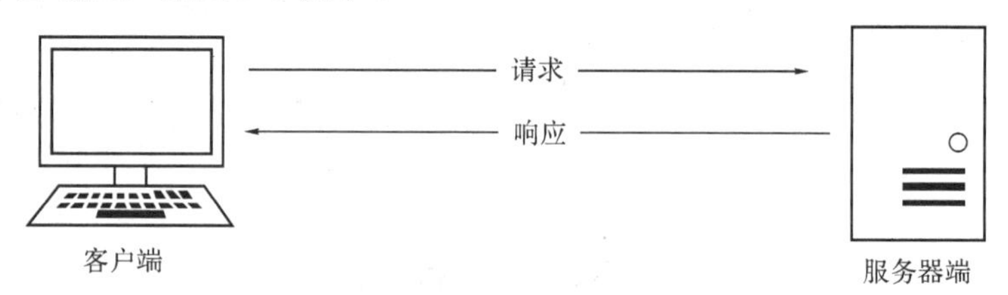

图 9-1　HTTP 协议通信过程

HTTP 的请求方式分为 GET 和 POST 两种方式。

(1) GET 请求：客户端将数据封装在 URL 地址中，使用“？”间隔，以键值对的形式传递给服务器端。这种方式一般只能携带少量的数据，不能大于 2 KB，并且数据直接暴露在 URL 地址中，安全性比较低。

(2) POST 请求：客户端将数据封装在 HTML 的 HEADER 中传递给服务器端，数据对用户是不可见的。相对于 GET 请求，POST 请求安全性更高，并且解决了 GET 请求数据传输量小、容易被篡改等问题。

9.2　获取网络状态

在开发 Android 应用程序时，几乎每一个应用程序都需要连接网络，因此，对设备的网络状态检测是很有必要的。应用程序不仅需要检测当前网络是否可用，有时也需要获取可用的网络是属于 WLAN 网络还是移动数据网络。ConnectivityManager 类是 Android 提供的一个网络状态管理类，获得一个 ConnectivityManager 类的对象，需要使用如下语句：

```
ConnectivityManager cm = (ConnectivityManager)Context.getSystemService(Context.CONNECTIVITY_SERVICE);
```

通过 ConnectivityManager 类的 getActiveNetworkInfo( )方法，可以获得一个 NetworkInfo 类的实例对象，该对象封装了当前的网络信息。NetworkInfo 类的常用方法如表 9-1 所示。

表 9-1 NetworkInfo 类的常用方法

方 法 名	说 明
isConnected()	判断当前网络连接是否存在
isAvailable()	判断当前网络连接(注："isConnected 为 true" 不代表 "isAvailable 为 true"
getDetailedState()	获取详细的当前网络状态
getState()	获取当前网络状态
getExtrInfo()	获取当前网络状态的额外信息，由较低的网络层提供
getType()	获取当前网络的类型
getTypeName()	获取当前网络的类型名，如 WiFi 或 Mobile

调用 getActiveNetworkInfo()方法，需具有读取网络状态的权限。在 AndroidManifest.xml 清单文件中设置允许操作网络权限的代码如下：

```
<uses-permission android:name="android.permission.ACCESS_NETWORK_STATE" />
```

下面通过一个例子，展示如何运用 ConnectivityManager 类和 NetworkInfo 类判断当前移动设备是否联网、当前网络的连接状态以及当前网络的类型，如例 9-1 所示。

【例 9-1】 获取当前网络状态。

activity_main.xml 文件：

```
<?xml version="1.0" encoding="utf-8"?>
<LinearLayout xmlns:android="http://schemas.android.com/apk/res/android"
    android:layout_width="match_parent"
    android:layout_height="match_parent"
    android:orientation="vertical" >
    <Button
        android:id="@+id/bt1"
        android:layout_width="match_parent"
        android:layout_height="wrap_content"
        android:text="检测是否联网"/>
    <Button
        android:id="@+id/bt2"
        android:layout_width="match_parent"
        android:layout_height="wrap_content"
        android:text="检测网络连接状态"/>
    <Button
        android:id="@+id/bt3"
```

```
        android:layout_width="match_parent"
        android:layout_height="wrap_content"
        android:text="检测网络连接类型"/>
</LinearLayout>
```

MainActivity.java 文件：

```
public class MainActivity extends AppCompatActivity {
    ConnectivityManager conn = null;
    NetworkInfo info = null;
    @Override
    protected void onCreate(Bundle savedInstanceState) {
        super.onCreate(savedInstanceState);
        setContentView(R.layout.activity_main);
        Button bt1 = (Button) findViewById(R.id.bt1);
        Button bt2 = (Button) findViewById(R.id.bt2);
        Button bt3 = (Button) findViewById(R.id.bt3);
        bt1.setOnClickListener(new View.OnClickListener() {
            @Override
            public void onClick(View v) {
                conn = (ConnectivityManager)MainActivity.this.getSystemService
                        (Context.CONNECTIVITY_SERVICE);
                info = conn.getActiveNetworkInfo();
                if(info == null){
                    Log.i("NET", "当前没有设置网络连接！ ");
                }else{
                    Log.i("NET", "当前设置了网络连接！ ");
                }
            }
        });
        bt2.setOnClickListener(new View.OnClickListener() {
            @Override
            public void onClick(View v) {
                conn = (ConnectivityManager)MainActivity.this.getSystemService
                        (Context.CONNECTIVITY_SERVICE);
                info = conn.getActiveNetworkInfo();
                NetworkInfo.State state = info.getState();
                if (state == NetworkInfo.State.CONNECTED){
                    Log.i("TAG", "连接成功！ ");
                }else if (state == NetworkInfo.State.CONNECTING){
                    Log.i("TAG", "正在连接！ ");
                }else if(state == NetworkInfo.State.DISCONNECTED){
```

```
                Log.i("TAG", "连接失败！");
            }
        }
    });
    bt3.setOnClickListener(new View.OnClickListener() {
        @Override
        public void onClick(View v) {
            conn = (ConnectivityManager)MainActivity.this.getSystemService
                    (Context.CONNECTIVITY_SERVICE);
            info = conn.getActiveNetworkInfo();
            int type = info.getType();
            switch (type){
                case ConnectivityManager.TYPE_WIFI:
                    Log.i("TAG", "网络类型是 WLAN 网络！");
                    break;
                case ConnectivityManager.TYPE_MOBILE:
                    Log.i("TAG", "网络类型是移动数据网络！");
                    break;
            }
        }
    });
}
}
```

程序运行结果如图 9-2 所示。

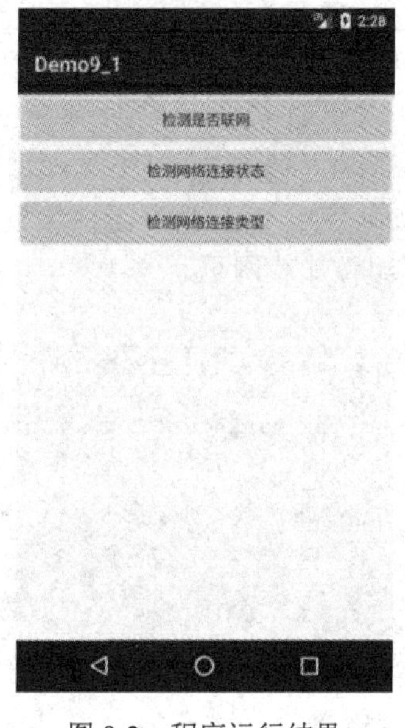

图 9-2　程序运行结果

程序运行后可分别点击各个按钮，得到当前网络连接的状态，如点击“检测网络连接类型”按钮，程序检测到当前的网络连接类型是 WLAN，如图 9-3 所示。

```
2019-10-16 15:29:45.132 17013-17042/com.bjsxt.demo9_1 D/EGL_emulation: eglMakeCurrent: 0xe26851e0: ver 2 0 (tinfo 0xe26832e0)
2019-10-16 15:29:45.184 17013-17042/com.bjsxt.demo9_1 D/EGL_emulation: eglMakeCurrent: 0xe26851e0: ver 2 0 (tinfo 0xe26832e0)
2019-10-16 15:29:54.514 17013-17013/com.bjsxt.demo9_1 I/TAG,: 网络类型是WLAN网络!
```

图 9-3　日志信息

9.3　使用 WebView 加载网页

WebView 是 Android 中的一个组件，它基于 WebKit 引擎，用于展示 Web 页面。WebView 组件的功能强大，除了具有一般组件的属性外，还可以处理 URL 请求、加载网页、渲染数据、与网页进行交互等。WebView 组件的常用方法如表 9-2 所示。

表 9-2　WebView 组件的常用方法

方 法 名	说　明
loadUrl(String url)	加载 URL 指定的网页
String getUrl()	获取当前页面的 URL
reload()	重新 reload 当前的 URL，即刷新
saveWebArchive(String filename)	保存网页(.html)到指定文件
pageDown(boolean bottom)	将 WebView 展示的页面滑动至底部
pageUp(boolean top)	将 WebView 展示的页面滑动至顶部
zoomIn()	放大
zoomOut()	缩小
setJavaScriptEnabled(boolean flag)	是否支持 JavaScript，默认值为 false

使用 WebView 组件访问网络，需具有访问网络的权限。在 AndroidManifest.xml 文件中可设置允许访问网络的权限，代码如下：

```
<uses-permission android:name="android.permission.INTERNET" />
```

下面通过一个例子来展示如何使用 WebView 组件加载网页，如例 9-2 所示。

【例 9-2】 使用 WebView 组件加载网页。

activity_main.xml 文件：

```
<?xml version="1.0" encoding="utf-8"?>
<LinearLayout xmlns:android="http://schemas.android.com/apk/res/android"
    android:layout_width="match_parent"
    android:layout_height="match_parent" >
    <WebView
        android:id="@+id/web_view"
        android:layout_width="match_parent"
        android:layout_height="match_parent" />
</LinearLayout>
```

MainActivity.java 文件：

```
public class MainActivity extends AppCompatActivity {
    private WebView webView;
    @Override
    protected void onCreate(Bundle savedInstanceState) {
        super.onCreate(savedInstanceState);
        setContentView(R.layout.activity_main);
        webView = (WebView) findViewById(R.id.web_view);
        webView.getSettings().setJavaScriptEnabled(true);
        webView.setWebViewClient(new WebViewClient() {
            @Override
            public boolean shouldOverrideUrlLoading
                (WebView view, String url) {
                view.loadUrl(url);
                return true;
            }
        });
        webView.loadUrl("https://www.baidu.com");
    }
}
```

图 9-4 程序运行结果

程序运行结果如图 9-4 所示。

9.4 使用 HttpURLConnection 发送 HTTP 请求

在 Android API level 9(Android 2.2)之前，使用 DefaultHttpClient 类发送 HTTP 请求，但是由于其太过复杂，在保持向后兼容的情况下，很难对 DefaultHttpClient 进行增强。为此，从 Android API level 9 开始，增加了一个用于发送 HTTP 请求的客户端类，即 HttpURLConnection。相比于 DefaultHttpClient，HttpURLConnection 比较轻量。从 Android API level 23(Android 6.0)开始，Android 不再推荐使用 DefaultHttpClient 类，而是强制要求使用 HttpURLConnection 类。

创建 HttpURLConnection 对象需要一个 URL 对象，即需要实例化一个 URL 类，代码如下：

```
URL url = new URL(path);
```

实例化 URL 类后，可以通过调用 URL 对象的 openConnection()方法得到一个 HttpURLConnection 对象，代码如下：

```
HttpURLConnection conn = (HttpURLConnection) url.openConnection();
```

得到 HttpURLConnection 对象后，需要配置 HTTP 协议的请求方式，常用的请求方式有两种，分别为 GET 和 POST。

配置请求方式为 GET 时，代码如下：

```
//设置为 GET 请求
conn.setRequestMethod("GET");
//或者
conn.setDoInput(true);
```

配置请求方式为 POST 时，代码如下：

```
//设置为 POST 请求
conn.setRequestMethod("POST");
//或者
conn.setDoOutput(true);
```

HttpURLConnection 对象的配置还有其他项，可根据实际情况进行配置，如配置连接超时的代码如下：

```
conn.setConnectTimeout(10000);
```

配置读取超时的代码如下：

```
conn.setReadTimeout(30000);
```

HttpURLConnection 对象配置完成后，需调用 HttpURLConnection 对象的 connect()方法进行网络连接。网络连接后，根据连接情况返回一个状态码，该状态码表示请求的连接状态，状态码是一个数字。常用的状态码如表 9-3 所示。

表 9-3　常用的状态码

状态码	说　明
200	服务器已成功处理了请求，并返回数据
400	服务器不理解请求的语法
401	请求要求身份验证
403	服务器拒绝请求
404	服务器找不到请求的资源
500	服务器遇到错误，无法完成请求
503	服务器不可用
505	服务器不支持请求中所用的 HTTP 协议版本

连接完成后，可根据状态码判断连接的状态，状态码通过 HttpURLConnection 对象的 getResponseCode()方法获取。根据获取到的状态码，可进行下一步的程序实现。例如，获取到的状态码是 200，表示请求成功并返回了数据，返回的数据是数据流格式，需通过 HttpURLConnection 对象的 getInputStream()方法获取。getInputStream()方法返回的是一个 InputStream 对象，可以根据实际需求从 InputStream 对象中获取需要的数据。HttpURLConnection 对象使用完毕后要及时关闭，关闭 HttpURLConnection 对象需要调用 HttpURLConnection 对象的 disconnect()方法。

为保证用户数据和设备的安全，从 Android 9.0 开始，默认要求使用 HTTPS 协议进行连接请求，HTTPS 协议需要验证证书。如果连接第三方服务器，在没有授权的情况下，很难得到其证书，所以需要修改默认的协议为 HTTP 协议，在项目的 res 目录下新建 xml 目录，并在 xml 目录下新建一个 network_security_config.xml 文件，文件内容如下所示：

```
<?xml version="1.0" encoding="utf-8"?>
<network-security-config>
    <base-config cleartextTrafficPermitted="true"/>
</network-security-config>
```

修改 AndroidManifest.xml 文件，如下所示：

```
<application android:networkSecurityConfig="@xml/network_security_config"
    android:allowBackup="true"
    android:icon="@mipmap/ic_launcher"
    android:label="@string/app_name"
    android:roundIcon="@mipmap/ic_launcher_round"
    android:supportsRtl="true"
    android:theme="@style/AppTheme">
</application>
```

下面通过一个例子来展示如何通过 HttpURLConnection 发送 HTTP 请求，如例 9-3 所示。

【例 9-3】 通过 HttpURLConnection 发送 HTTP 请求。

activity_main.xml 文件：

```
<?xml version="1.0" encoding="utf-8"?>
<LinearLayout xmlns:android="http://schemas.android.com/apk/res/android"
    android:layout_width="match_parent"
    android:layout_height="match_parent"
    android:orientation="vertical" >
    <Button
        android:id="@+id/send_request"
        android:layout_width="match_parent"
        android:layout_height="wrap_content"
        android:text="向北京尚学堂官网发送 HTTP 请求" />
    <ScrollView
        android:layout_width="match_parent"
        android:layout_height="match_parent" >
        <TextView
            android:id="@+id/response"
            android:layout_width="match_parent"
            android:layout_height="wrap_content" />
    </ScrollView>
</LinearLayout>
```

MainActivity.java 文件：

```
public class MainActivity extends AppCompatActivity {
    private TextView responseText;
    private Button send_request;
    @Override
    protected void onCreate(Bundle savedInstanceState) {
        super.onCreate(savedInstanceState);
        setContentView(R.layout.activity_main);
        send_request = (Button) findViewById(R.id.send_request);
        responseText = (TextView) findViewById(R.id.response);
        send_request.setOnClickListener(new View.OnClickListener() {
            @Override
            public void onClick(View v) {
                new Thread(new Runnable() {
                    @Override
                    public void run() {
                        HttpURLConnection connection = null;
                        try {
                            URL url = new URL("https://www.bjsxt.com");
                            connection = (HttpURLConnection) url.openConnection();
                            connection.setRequestMethod("POST");
                            connection.setConnectTimeout(8000);
                            connection.setReadTimeout(8000);
                            InputStream in = connection.getInputStream();
                            BufferedReader reader = new BufferedReader(new InputStreamReader(in));
                            String temp = null;
                            StringBuffer buffer = new StringBuffer();
                            while((temp=reader.readLine())!=null){
                                buffer.append(temp);
                            }
                            Message message = new Message();
                            message.what = 1;
                            message.obj = buffer.toString();
                            handler.sendMessage(message);
                        } catch (Exception e) {
                            e.printStackTrace();
                        } finally {
                            if (connection != null) {
                                connection.disconnect();
                            }
```

```
                    }
                }
            }).start();
        }
    });
}
private Handler handler = new Handler() {
    public void handleMessage(Message msg) {
        if(msg.what==1)
        {
            responseText.setText((String) msg.obj);
        }
    }
};
}
```

程序运行结果如图 9-5 所示。

程序运行后，点击“向北京尚学堂官网发送 HTTP 请求”按钮，程序会通过异步的方式发送一个 HTTP 请求，请求的 URL 是：https://www.bjsxt.com。由于网站配置了默认主页，通过 HTTP 请求默认将返回主页的源码，如图 9-6 所示。

图 9-5　程序运行结果

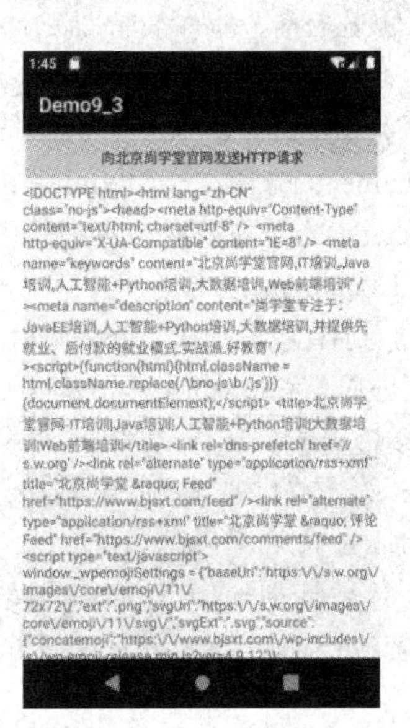

图 9-6　HTTP 请求返回数据

9.5　xml 数据解析

Android 应用程序有时会通过网络请求得到一个 xml 格式的数据文件，提取 xml 格式数据的节点信息，需要对其进行解析，常用的两种方法是 Pull 解析和 SAX 解析。

Pull 解析方式需要使用 XmlPullParser 对象。XmlPullParser 对象可以通过调用 XmlPullParserFactory 对象的 newPullParser()方法获取，得到 XmlPullParser 对象后，调用其 setInput()方法，将网络请求返回的数据传递进去，通过循环遍历 XmlPullParser 对象的节点，得到节点信息，代码如下：

```
XmlPullParserFactory factory = XmlPullParserFactory.newInstance();
XmlPullParser xmlPullParser = factory.newPullParser();
xmlPullParser.setInput(new StringReader(xmlData));
int eventType = xmlPullParser.getEventType();
while (eventType != XmlPullParser.END_DOCUMENT) {
..........
}
```

SAX 解析方式需要使用 XMLReader 对象。XMLReader 对象可以通过调用 SAXParser 对象的 getXMLReader()方法获得，而 SAXParser 对象可以通过 SAXParserFactory 对象的 newSAXParser()方法获得，得到 XMLReader 对象后，还需要给 XMLReader 对象传递一个 DefaultHandler 对象，该对象定义了 xml 文件的解析规则，一般需要重写以下几个方法：

```
public void startDocument() throws SAXException {}
public void startElement(String uri, String localName, String qName, Attributes attributes) throws
        SAXException {}
public void characters(char[] ch, int start, int length) throws SAXException {}
public void endElement(String uri, String localName, String qName) throws SAXException {}
public void endDocument() throws SAXException {}
```

startDocument()方法在开始 xml 解析时调用；startElement()方法在开始解析某个节点时调用；characters()方法在获取节点中的内容时调用；endElement()方法在某个节点解析完成时调用；endDocument()方法在完成整个 xml 解析时调用。根据这五个方法的执行时机，将解析规则添加到各个方法中，最后调用 XMLReader 对象的 parse()方法，将网络请求返回的数据传递进去，完成 xml 数据的解析过程，代码如下：

```
SAXParserFactory factory = SAXParserFactory.newInstance();
XMLReader xmlReader = factory.newSAXParser().getXMLReader();
ContentHandler handler = new ContentHandler();
xmlReader.setContentHandler(DefaultHandler );
xmlReader.parse(new InputSource(new StringReader(xmlData)));
```

9.6　json 数据解析

Android 应用程序有时也会通过网络请求得到一个 json 格式的数据文件，提取 json 格式数据键值信息，需要对其进行解析，常用的两种方法是 JSONObject 解析和 JSONArray 解析。

JSONObject 解析方式通过 JSONObject 对象将网络请求返回的 json 数据解析成对象，然后通过一系列 get 方法获取数据中的键值信息，代码如下：

```
JSONObject jo = new JSONObject(json);
String name = jo.getString("name");
String content = jo.getString("content");
int type = jo.getInt("type");
```

JSONArray 解析方式通过 JSONArray 对象将网络请求返回的 json 数据解析成数组，然后通过遍历数组的方式获取数据中的键值信息，代码如下：

```
JSONArray ja = new JSONArray(json);
    int len = json.length();
    String[] datas = new String[len];
    for (int i = 0; i < len; i++) {
        datas[i] = ja.getString(i);
}
```

习　题

1. 简述通过 HttpURLConnection 发送 HTTP 请求的一般步骤。
2. 简述 xml 格式数据解析的两种方法。
3. 简述 json 格式数据解析的两种方法。

第 10 章　Service 组件

Service 与 Activity 都可以表示一个可执行应用程序，但 Service 一直运行在后台，没有用户界面。Service 适合去执行一些不需要和用户进行交互，但还要长期运行的任务。Service 的运行不依赖于任何用户界面，即使应用程序被切换到后台，或者用户打开了另一个应用程序，Service 仍然能够保持独立运行。需要注意的是，Service 并不是运行在一个独立的进程中，而是依赖于创建 Service 时所在的应用程序进程，当某个应用程序被结束时，所有依赖该进程的 Service 也会停止运行。

10.1　Service 的生命周期

Service 的启动方式有两种：第一种是直接启动一个 Service，对应的启动方法为 startService()，对应的停止方法为 stopService()；第二种是通过绑定启动一个 Service，对应的启动方法为 bindService()，对应的停止方法为 unbindService()。通过 Service 的生命周期，可以监控服务状态的变化，如图 10-1 展示了启动 Service 生命周期的两种方法。

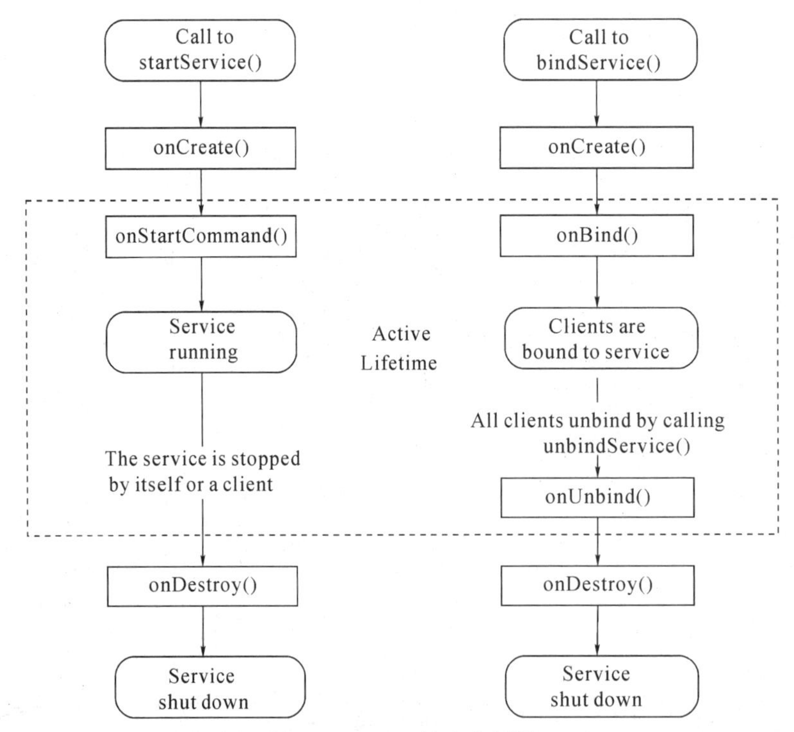

图 10-1 Service 的生命周期

10.2　Service 的创建

我们可以通过图形化界面创建 Service，也可以通过编写代码的方式创建 Service。通过图形化界面创建 Service 如例 10-1 所示。

【例 10-1】 通过图形化界面创建 Service。

(1) 首先创建一个 Android 项目(如 Demo10_1)。

(2) 在系统默认包名上点击右键依次选择【New】→【Service】→【Service】后，弹出 Service 配置界面，如图 10-2 所示。

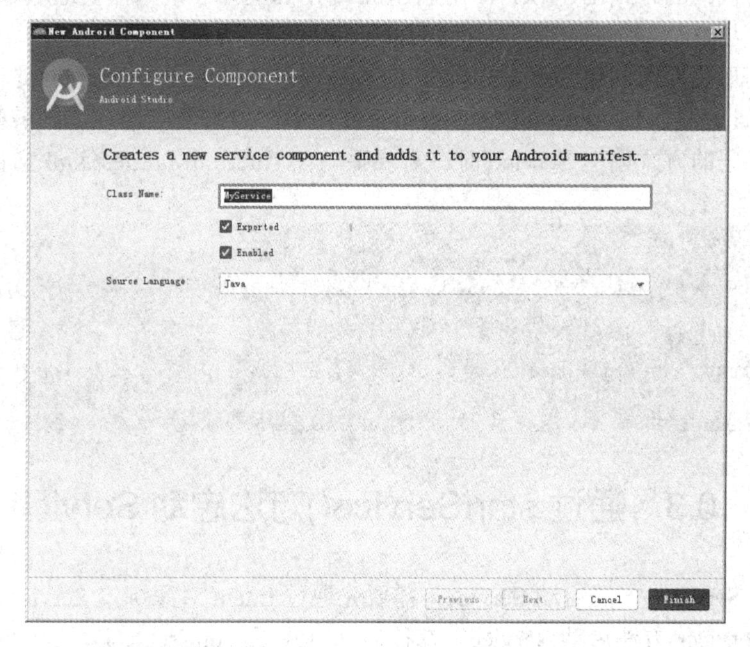

图 10-2　Service 配置界面

这里 Class Name 表示 Service 的名称；Exported 选项表示该 Service 是否可以被其他应用调用；Enabled 表示是否启用。根据实际情况选填各个参数后(这里 Class Name 输入“MyService”，Exported、Enabled 勾选)，点击“Finish”完成 Service 的创建。创建后打开该 Service，代码如下：

```
public class MyService extends Service {
    public MyService() {
    }
    @Override
    public IBinder onBind(Intent intent) {
        throw new UnsupportedOperationException("Not yet implemented");
    }
}
```

可以看到，创建的 Service 继承了 Service 类，并且需要实现继承过来的 onBind()方法，

onBind()方法是 Service 类中的一个抽象方法。在实际应用中，根据 Service 的生命周期需要在新创建的 Service 中重写 Service 类中的一些方法，通常需要重写的方法有 onCreate()、onStartCommand()和 onDestroy()这三个方法。

每一个 Service 都需要在 AndroidManifest.xml 文件中进行注册才能生效，代码如下：

```
<service
    android:name=".MyService"
    android:enabled="true"
    android:exported="true">
</service>
```

通过编写代码的方式创建 Servic 与创建 Java 中的类一样，只需要继承 Service 类，并实现 onBind()方法。

在通过图形化界面创建 Service 时，在创建过程中如果选中了 Enabled 选项，则系统会默认将该 Service 注册到 AndroidManifest.xml 文件中；如果没有选中，则需要手动添加。在通过编写代码的方式创建 Service 时，需要手动在 AndroidManifest.xml 文件中注册，代码如下：

```
<service
    android:name="Service 名称"     // Service 的名称
    android:enabled="true / flase"   //是否启用
    android:exported=" true / flase " //  是否可以被其他应用调用
</service>
```

10.3　通过 startService()方法启动 Service

通过 startService()方法启动 Service，需要先通过 Intent 对象绑定 Service，绑定后再通过调用 startService()方法启动 Service。在该启动方式下，onCreate()方法在 Service 第一次创建时被调用，onStartCommand()方法在每次启动 Service 时被调用，可以通过调用 stopService()方法停止 Service，如例 10-2 所示。

【例 10-2】 通过 startService()方法启动 Service。

activity_main.xml 文件：

```
<?xml version="1.0" encoding="utf-8"?>
<LinearLayout xmlns:android="http://schemas.android.com/apk/res/android"
    android:layout_width="match_parent"
    android:layout_height="match_parent"
    android:orientation="vertical" >
    <Button
        android:id="@+id/start_service"
        android:layout_width="match_parent"
        android:layout_height="wrap_content"
```

```
        android:text="开启服务" />
    <Button
        android:id="@+id/stop_service"
        android:layout_width="match_parent"
        android:layout_height="wrap_content"
        android:text="停止服务" />
</LinearLayout>
```

MyService.java 文件：

```
public class MyService extends Service {
    private static final String TAG = "MyService";
    @Override
    public IBinder onBind(Intent intent) {
        return null;
    }
    @Override
    public void onCreate() {
        super.onCreate();
        Log.i(TAG, "onCreate: ---->");
    }
    @Override
    public int onStartCommand(Intent intent, int flags, int startId) {
        Log.i(TAG, "onStartCommand: ---->");
        return super.onStartCommand(intent, flags, startId);
    }
    @Override
    public void onDestroy() {
        super.onDestroy();
        Log.i(TAG, "onDestroy: ----->");
    }
}
```

MainActivity.java 文件：

```
public class MainActivity extends AppCompatActivity implements View.OnClickListener{
    private Button startService, stopService;
    @Override
    protected void onCreate(Bundle savedInstanceState) {
        super.onCreate(savedInstanceState);
        setContentView(R.layout.activity_main);
        startService = (Button) findViewById(R.id.start_service);
        stopService = (Button) findViewById(R.id.stop_service);
```

```
        startService.setOnClickListener(this);
        stopService.setOnClickListener(this);
    }
    @Override
    public void onClick(View v) {
        switch (v.getId()) {
            case R.id.start_service:
                Intent startIntent = new Intent(this, MyService.class);
                startService(startIntent);
                break;
            case R.id.stop_service:
                Intent stopIntent = new Intent(this, MyService.class);
                stopService(stopIntent);
                break;
            default:
                break;
        }
    }
}
```

程序运行结果如图 10-3 所示。

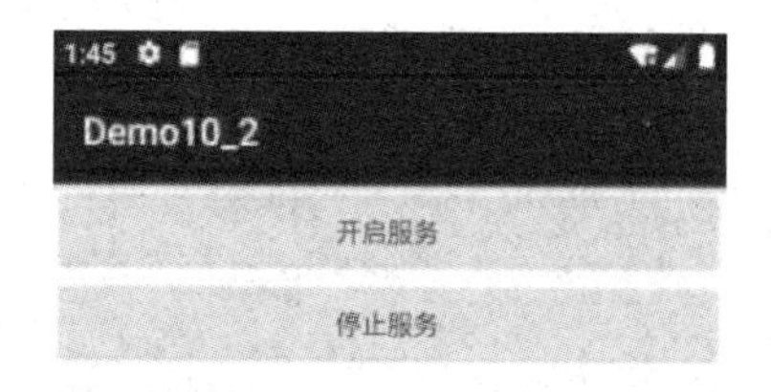

图 10-3　程序运行结果

程序运行后，点击“开启服务”按钮，通过日志可以看到 onCreate()和 onStartCommand()

方法被执行，多次点击“开启服务”按钮，会发现，只有第一次启动 Service 的时候才会执行 onCreate()方法，如图 10-4 所示。

```
2019-10-17 10:37:19.824 4842-4842/com.bjsxt.demo10_2 I/MyService: onCreate: ---->
2019-10-17 10:37:19.825 4842-4842/com.bjsxt.demo10_2 I/MyService: onStartCommand: ---->
2019-10-17 10:37:20.983 4842-4842/com.bjsxt.demo10_2 I/MyService: onStartCommand: ---->
2019-10-17 10:37:21.985 4842-4842/com.bjsxt.demo10_2 I/MyService: onStartCommand: ---->
```

图 10-4　日志信息

10.4　通过 bindService()方法启动 Service

通过 bindService()方法启动 Service，需要通过 Intent 对象绑定 Service。在该启动方式下，onCreate()方法在 Service 第一次创建时被调用，onStartCommand()方法没有被调用，可以通过调用 unbindService()方法结束绑定，如果当前 Service 没有被绑定，Service 将被销毁，例 10-3 所示。

【例 10-3】 通过 bindService()方法启动 Service。

activity_main.xml 文件：

```xml
<?xml version="1.0" encoding="utf-8"?>
<LinearLayout xmlns:android="http://schemas.android.com/apk/res/android"
    android:layout_width="match_parent"
    android:layout_height="match_parent"
    android:orientation="vertical" >
    <Button
        android:id="@+id/start_service"
        android:layout_width="match_parent"
        android:layout_height="wrap_content"
        android:text="开启服务" />
    <Button
        android:id="@+id/stop_service"
        android:layout_width="match_parent"
        android:layout_height="wrap_content"
        android:text="停止服务" />
</LinearLayout>
```

MyService.java 文件：

```java
public class MyService extends Service {
    private static final String TAG = "MyService";
    @Override
    public IBinder onBind(Intent intent) {
        return null;
```

```
    }
    @Override
    public void onCreate() {
        super.onCreate();
        Log.i(TAG, "onCreate: ---->");
    }
    @Override
    public int onStartCommand(Intent intent, int flags, int startId) {
        Log.i(TAG, "onStartCommand: ---->");
        return super.onStartCommand(intent, flags, startId);
    }
    @Override
    public void onDestroy() {
        super.onDestroy();
        Log.i(TAG, "onDestroy: ----->");
    }
}
```

MainActivity.java 文件：

```
public class MainActivity extends AppCompatActivity implements View.OnClickListener{
    private Button startService, stopService;
    private ServiceConnection conn;
    @Override
    protected void onCreate(Bundle savedInstanceState) {
        super.onCreate(savedInstanceState);
        setContentView(R.layout.activity_main);
        startService = (Button) findViewById(R.id.start_service);
        stopService = (Button) findViewById(R.id.stop_service);
        startService.setOnClickListener(this);
        stopService.setOnClickListener(this);
    }
    @Override
    public void onClick(View v) {
        switch (v.getId()) {
            case R.id.start_service:
                if (conn == null){
                    conn = new ServiceConnection() {
                        @Override
                        public void onServiceConnected(ComponentName name, IBinder service) {
                            Log.i("TAG", "onServiceConnected: --------->");
```

```
                }
                @Override
                public void onServiceDisconnected(ComponentName name) {
                    Log.i("TAG", "onServiceDisconnected: --------->");
                }
            };
            Intent start = new Intent(this, MyService.class);
            bindService(start, conn, Context.BIND_AUTO_CREATE);
        }
        break;
    case R.id.stop_service:
        if (conn != null){
            unbindService(conn);
            conn = null;
        }
        break;
    default:
        break;
    }
  }
}
```

程序运行结果如图 10-5 所示。

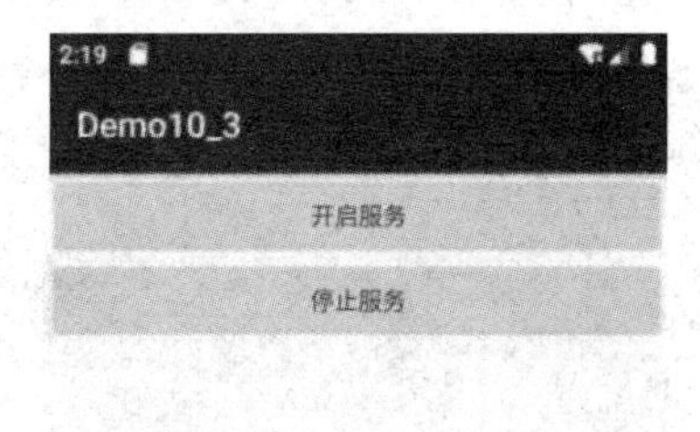

图 10-5　程序运行结果

程序运行后，点击“开启服务”按钮，通过日志可以看到 onCreate()方法被执行，多次点击“开启服务”按钮，会发现，onCreate()只执行了一次，如图 10-6 所示。

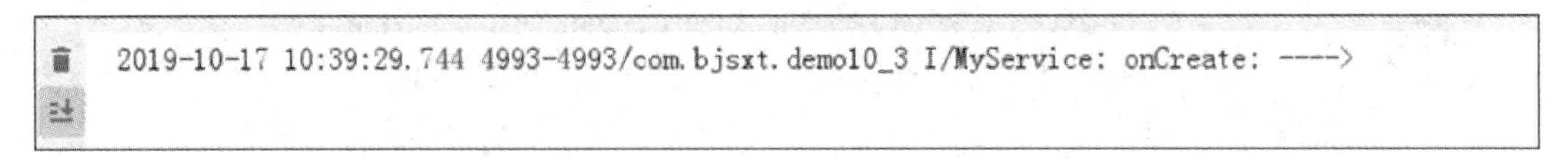
2019-10-17 10:39:29.744 4993-4993/com.bjsxt.demo10_3 I/MyService: onCreate: ---->

图 10-6　日志信息

10.5　使用 IntentService 实现 Service 的异步执行

凡是遇到耗时的操作应尽可能地交给 Service 去做，如上传多张图片，因为上传的过程中用户可能会将应用置于后台，这时的 Activity 就很有可能被销毁，所以可以考虑将上传操作交给 Service 去做。如果担心 Service 被销毁，可以通过 startForeground(int, Notification)方法提升其优先级。

在 Android 中提供了一个 IntentService 类，IntentService 类继承自 Service 类，以异步的方式处理请求，通过一个独立的线程来处理耗时操作。启动 IntentService 的方式和启动 Service 一样，当任务执行完成后，IntentService 会自动停止，不需要去手动控制。可以多次启动 IntentService，而每一个耗时操作都会以工作队列的方式在 IntentService 的 onHandleIntent()回调方法中执行，并且，每次只会执行一个线程，执行完第一个再执行第二个，依次执行。使用 IntentService 时，所有的请求都在一个独立的线程中，不会阻塞应用程序的主线程(UI Thread)，同一时间只能处理一个请求，如例 10-4 所示。

【例 10-4】 IntentService 的使用。

activity_main.xml 文件：

```
<?xml version="1.0" encoding="utf-8"?>
<LinearLayout xmlns:android="http://schemas.android.com/apk/res/android"
    android:layout_width="match_parent"
    android:layout_height="match_parent"
    android:orientation="vertical" >
    <Button
        android:id="@+id/start_intent_service"
        android:layout_width="match_parent"
        android:layout_height="wrap_content"
        android:text="启动 IntentService" />
</LinearLayout>
```

MyIntentService.java 文件：

```
public class MyIntentService extends IntentService {
    private boolean isAlive = true;
    private static final String TAG = "MyIntentService";
    public MyIntentService() {
```

```
        super("threadName");
    }
    @Override
    protected void onHandleIntent(@Nullable Intent intent) {
        while (isAlive){
            Date date = new Date();
            Log.i(TAG, "onHandleIntent: ---->时间："+date.toLocaleString());
            try {
                Thread.sleep(1000);
            } catch (InterruptedException e) {
                e.printStackTrace();
            }
        }
    }
    @Override
    public void onDestroy() {
        super.onDestroy();
        isAlive = false;
    }
}
```

MainActivity.java 文件：

```
public class MainActivity extends AppCompatActivity {
    private Button startIntentService;
    @Override
    protected void onCreate(Bundle savedInstanceState) {
        super.onCreate(savedInstanceState);
        setContentView(R.layout.activity_main);
        startIntentService = (Button) findViewById(R.id.start_intent_service);
        startIntentService.setOnClickListener(new View.OnClickListener() {
            @Override
            public void onClick(View view) {
                Log.d("MainActivity", "Thread id is " + Thread.currentThread(). getId());
                Intent intentService = new Intent(MainActivity.this, MyIntentService.class);
                startService(intentService);
            }
        });
    }
}
```

程序运行结果如图 10-7 所示。

图 10-7　程序运行结果

程序运行后，点击“启动 IntentService”按钮，启动一个 IntentService。该例中定义了一个继承自 IntentService 的类：MyIntentService，通过重写父类中的 onHandleIntent()方法，将要做的耗时操作放到 onHandleIntent()方法中，实现了后台服务的异步执行，如图 10-8 所示，IntentService 会以异步的方式每隔 1 秒输出一次时间。

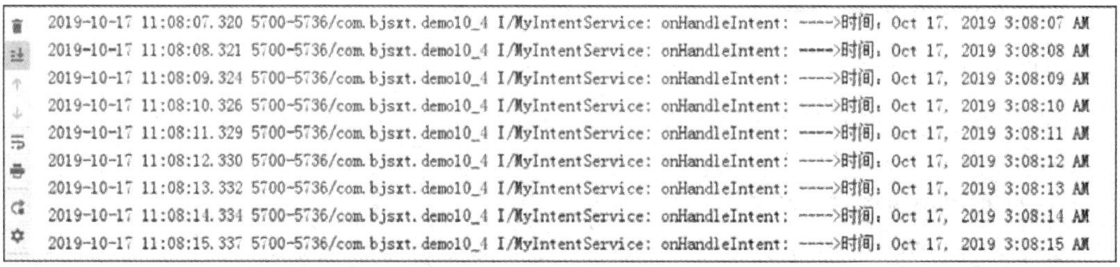

```
2019-10-17 11:08:07.320 5700-5736/com.bjsxt.demo10_4 I/MyIntentService: onHandleIntent: ---->时间: Oct 17, 2019 3:08:07 AM
2019-10-17 11:08:08.321 5700-5736/com.bjsxt.demo10_4 I/MyIntentService: onHandleIntent: ---->时间: Oct 17, 2019 3:08:08 AM
2019-10-17 11:08:09.324 5700-5736/com.bjsxt.demo10_4 I/MyIntentService: onHandleIntent: ---->时间: Oct 17, 2019 3:08:09 AM
2019-10-17 11:08:10.326 5700-5736/com.bjsxt.demo10_4 I/MyIntentService: onHandleIntent: ---->时间: Oct 17, 2019 3:08:10 AM
2019-10-17 11:08:11.329 5700-5736/com.bjsxt.demo10_4 I/MyIntentService: onHandleIntent: ---->时间: Oct 17, 2019 3:08:11 AM
2019-10-17 11:08:12.330 5700-5736/com.bjsxt.demo10_4 I/MyIntentService: onHandleIntent: ---->时间: Oct 17, 2019 3:08:12 AM
2019-10-17 11:08:13.332 5700-5736/com.bjsxt.demo10_4 I/MyIntentService: onHandleIntent: ---->时间: Oct 17, 2019 3:08:13 AM
2019-10-17 11:08:14.334 5700-5736/com.bjsxt.demo10_4 I/MyIntentService: onHandleIntent: ---->时间: Oct 17, 2019 3:08:14 AM
2019-10-17 11:08:15.337 5700-5736/com.bjsxt.demo10_4 I/MyIntentService: onHandleIntent: ---->时间: Oct 17, 2019 3:08:15 AM
```

图 10-8　日志信息

10.6　使用 AIDL 实现 Service 的进程间通信

AIDL(Android Interface Definition Language)是 Android 的接口定义语言，它可以用于让某个 Service 与多个应用程序组件之间进行跨进程通信，从而可以实现多个应用程序共享同一个 Service。

在 Android 系统中，每一个应用程序都是由一些 Activity 和 Service 组成的，这些 Activity 和 Service 有可能运行在同一个进程中，也有可能运行在不同的进程中，不在同一个进程中的 Activity 或者 Service 通过 Binder 进行通信。

Binder 是一种进程间通信技术，可实现不同进程间的通信。Binder 由四部分组成，每一部分都有其特定的功能，如表 10-1 所示。

表 10-1　Binder 的组成及功能

角　色	功　　能
Client(客户端)进程	使用服务的进程
Server(服务端)进程	提供服务的进程
ServiceManager 进程	管理 Service 的注册与查询，类似于路由器
Binder 驱动	◆ 一种虚拟的设备驱动； ◆ 连接 Server、Client 和 ServiceManager 的桥梁； ◆ 能够通过内存映射在进程间传递消息； ◆ 采用 Binder 线程池控制线程(默认线程数最大是 16)

Client(客户端)进程、Server(服务端)进程和 ServiceManager 进程都属于用户空间，不可以进行进程间通信。Binder 驱动在内核空间中，能持有 Server 进程的 Binder 实体类，并给 Client 进程提供 Binder 实体类的引用，如图 10-9 所示。

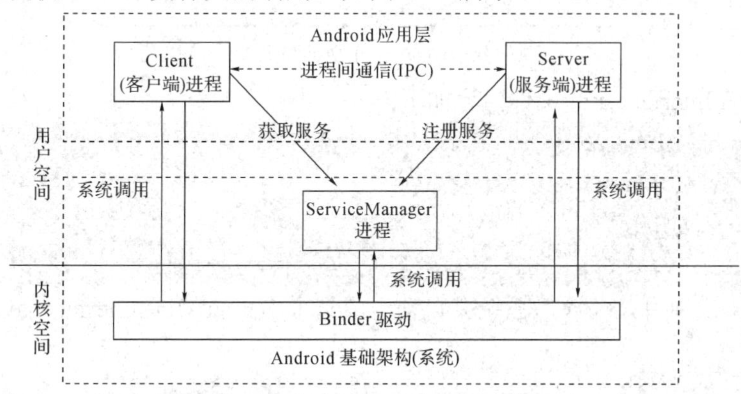

图 10-9　Binder 的通信机制

每一个进程都有自己的一块独立内存空间，都在自己的内存上存储自己的数据，执行着自己的操作。而 AIDL 就是两个进程之间沟通的桥梁，通过 AIDL 来制定一些规则，规定它们能进行哪些通信、怎么通信。

AIDL 是一门语言，语法基本上和 Java 一样，AIDL 文件的后缀是.aidl，而不是.java；AIDL 除了支持 Java 中的八种基本数据类型外，还支持 Java 语言中的 String 数据类型、CharSequence 数据类型、List 数据类型和 Map 数据类型。

AIDL 有两种定义方式，一种是定义一个实现 Parcelable 接口的数据类型，以供其他 AIDL 文件使用 AIDL 非默认支持的数据类型；另一种是定义一个接口，实现跨进程通信。如果跨进程通信过程中包含 AIDL 语言不支持的数据类型，可通过实现 Parcelable 接口实现数据类型的定义，如果跨进程通信过程中不包含 AIDL 语言不支持的数据类型，这时直接定义一个接口就可以。

这里以进程间通信不包含 AIDL 语言不支持的数据类型为例，实现两个应用程序之间的进程通信，如例 10-5、例 10-6 所示(详见本书配套资料)，具体实现如下功能：

(1) 创建两个应用程序，一个实现 AIDL 的 Server 端，一个实现 AIDL 的 Client 端。

(2) 在 AIDL 的 Server 端，接收 Client 端传过来的两个 int 值，定义一个加法计算的逻辑规则，并返回两个 int 数之和。

(3) 在 AIDL 的 Client 端，从用户界面输入两个 int 数，绑定 Server 端服务，点击“跨进程计算”，调用 Server 端加法计算方法，将返回结果输出到用户界面。

Server 端创建的具体步骤如下：

(1) 新建 Server 端项目，在项目中新建一个 aidl 目录，并在该目录下新建一个 aidl 文件 ServerAIDLInterface.aidl，如图 10-10 所示。

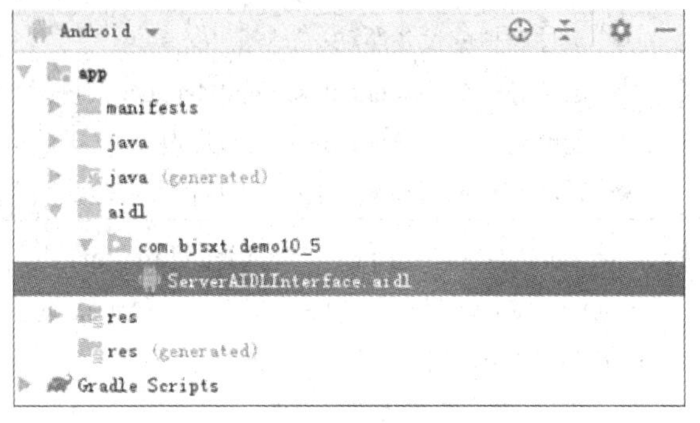

图 10-10　aidl 文件位置

ServerAIDLInterface.aidl 文件内容如下：

```
package com.bjsxt.demo10_5;
interface ServerAIDLInterface {
    int add(int a, int b);
}
```

(2) 编译一次项目，编译后系统会自动生成一个 ServerAIDLInterface.java 文件，如下所示：

```
/*
 * This file is auto-generated.  DO NOT MODIFY.
 */
package com.bjsxt.demo10_5;
public interface ServerAIDLInterface extends android.os.IInterface {
    /** Default implementation for ServerAIDLInterface. */
    public static class Default implements com.bjsxt.demo10_5.ServerAIDLInterface  {
        @Override public int add(int a, int b) throws android.os.RemoteException
        {
            return 0;
        }
        @Override
        public android.os.IBinder asBinder() {
            return null;
        }
    }
    /** Local-side IPC implementation stub class. */
```

```
    public static abstract class Stub extends android.os.Binder implements com.bjsxt.demo10_5.
ServerAIDLInterface
    {
        private static final java.lang.String DESCRIPTOR = "com.bjsxt.demo10_5.ServerAIDLInterface";
        /** Construct the stub at attach it to the interface. */
        public Stub()
        {
            this.attachInterface(this, DESCRIPTOR);
        }
        /**
        * Cast an IBinder object into an com.bjsxt.demo10_5.ServerAIDLInterface interface,
        * generating a proxy if needed.
        */
        public static com.bjsxt.demo10_5.ServerAIDLInterface asInterface(android.os.IBinder obj)
        {
            if ((obj==null)) {
              return null;
            }
            android.os.IInterface iin = obj.queryLocalInterface(DESCRIPTOR);
            if (((iin!=null)&&(iin instanceof com.bjsxt.demo10_5.ServerAIDLInterface))) {
                return ((com.bjsxt.demo10_5.ServerAIDLInterface)iin);
            }
            return new com.bjsxt.demo10_5.ServerAIDLInterface.Stub.Proxy(obj);
        }
        @Override public android.os.IBinder asBinder()
        {
            return this;
        }
        @Override public boolean onTransact(int code, android.os.Parcel data, android.os.Parcel reply, int
flags) throws android.os.RemoteException
        {
            java.lang.String descriptor = DESCRIPTOR;
            switch (code)
            {
                case INTERFACE_TRANSACTION:
                {
                    reply.writeString(descriptor);
                    return true;
                }
```

```
            case TRANSACTION_add:
            {
                data.enforceInterface(descriptor);
                int _arg0;
                _arg0 = data.readInt();
                int _arg1;
                _arg1 = data.readInt();
                int _result = this.add(_arg0, _arg1);
                reply.writeNoException();
                reply.writeInt(_result);
                return true;
            }
            default:
            {
                return super.onTransact(code, data, reply, flags);
            }
        }
    }
    private static class Proxy implements com.bjsxt.demo10_5.ServerAIDLInterface
    {
        private android.os.IBinder mRemote;
        Proxy(android.os.IBinder remote)
        {
            mRemote = remote;
        }
        @Override public android.os.IBinder asBinder()
        {
            return mRemote;
        }
        public java.lang.String getInterfaceDescriptor()
        {
            return DESCRIPTOR;
        }
        @Override public int add(int a, int b) throws android.os.RemoteException
        {
            android.os.Parcel _data = android.os.Parcel.obtain();
            android.os.Parcel _reply = android.os.Parcel.obtain();
            int _result;
            try {
```

```
                _data.writeInterfaceToken(DESCRIPTOR);
                _data.writeInt(a);
                _data.writeInt(b);
                boolean _status = mRemote.transact(Stub.TRANSACTION_add, _data, _reply, 0);
                if (!_status && getDefaultImpl() != null) {
                    return getDefaultImpl().add(a, b);
                }
                _reply.readException();
                _result = _reply.readInt();
            }
            finally {
                _reply.recycle();
                _data.recycle();
            }
            return _result;
        }
        public static com.bjsxt.demo10_5.ServerAIDLInterface sDefaultImpl;
    }
    static final int TRANSACTION_add = (android.os.IBinder.FIRST_CALL_TRANSACTION + 0);
    public static boolean setDefaultImpl(com.bjsxt.demo10_5.ServerAIDLInterface impl) {
        if (Stub.Proxy.sDefaultImpl == null && impl != null) {
            Stub.Proxy.sDefaultImpl = impl;
            return true;
        }
        return false;
    }
    public static com.bjsxt.demo10_5.ServerAIDLInterface getDefaultImpl() {
        return Stub.Proxy.sDefaultImpl;
    }
  }
  public int add(int a, int b) throws android.os.RemoteException;
}
```

(3) 新建一个 ServerStub 类，实现 ServerAIDLInterface 接口，代码如下：

```
public class ServerStub extends ServerAIDLInterface.Stub {
    @Override
    public int add(int a, int b) throws RemoteException {
        return a + b;
    }
}
```

(4) 创建一个 Service，实现对外提供服务，代码如下：

```
public class ServerService extends Service {
    private ServerStub mServerStub = new ServerStub();
    @Nullable
    @Override
    public IBinder onBind(Intent intent) {
        return mServerStub;
    }
}
```

(5) 将该 Service 注册到 AndroidManifest.xml 文件中，代码如下：

```
<service android:name="com.bjsxt.demo10_5.ServerService">
    <intent-filter>
        <action android:name="start_bjsxt_server_service_action" />
    </intent-filter>
</service>
```

经过以上五个步骤，Server 端代码编写完毕。接下来，把 Server 端自动生成的 ServerAIDLInterface.java 文件都拷贝到 Client 端，文件的包名不可改变，要和 Server 端保持一致。

在 Client 端的 MainActivity 文件中绑定远程服务，并调用远程服务中的方法，代码如下：

```
public class MainActivity extends AppCompatActivity {
    private EditText nub_1, nub_2, nub_result;
    private ServerAIDLInterface mServerAIDLInterface ;
    private ServiceConnection connection = new ServiceConnection() {
        @Override
        public void onServiceConnected(ComponentName name, IBinder service) {
          mServerAIDLInterface = ServerAIDLInterface.Stub.asInterface(service);
        }
        @Override
        public void onServiceDisconnected(ComponentName name) {
            mServerAIDLInterface = null;
        }
    };
    @Override
    protected void onCreate(Bundle savedInstanceState) {
        super.onCreate(savedInstanceState);
        setContentView(R.layout.activity_main);
        Button btn1 = (Button) findViewById(R.id.btn);
        nub_result = findViewById(R.id.nub_result);
```

```
        nub_1 = findViewById(R.id.nub_1);
        nub_2 = findViewById(R.id.nub_2);
        Intent intent = new Intent();
        intent.setPackage("com.bjsxt.demo10_5");
        intent.setAction("start_bjsxt_server_service_action");
        bindService(intent, connection, Service.BIND_AUTO_CREATE);
        btn1.setOnClickListener(new View.OnClickListener() {
            @Override
            public void onClick(View v) {
                try {
                    int nub1 = Integer.parseInt(nub_1.getText().toString().trim());
                    int nub2 = Integer.parseInt(nub_2.getText().toString().trim());
                    int result = mServerAIDLInterface.add(nub1, nub2);
                    nub_result.setText(result+"");
                } catch (RemoteException e) {
                    e.printStackTrace();
                }
            }
        });
    }
}
```

Server 端的完整代码见本书配套资料中的 Demo10_5。运行 Demo10_5 应用程序，启动 Server 端，程序运行结果如图 10-11 所示。

Client 端的完整代码见本书配套资料中的 Demo10_6。运行 Demo10_6 应用程序，启动 Client 端，程序运行结果如图 10-12 所示。

图 10-11　程序运行结果

图 10-12　程序运行结果图

这里输入两个数，点击“跨进程计算”按钮后，Demo10_6 会调用 Demo10_5 中的 Service 进行计算，并将计算结果返回，如图 10-13 所示。

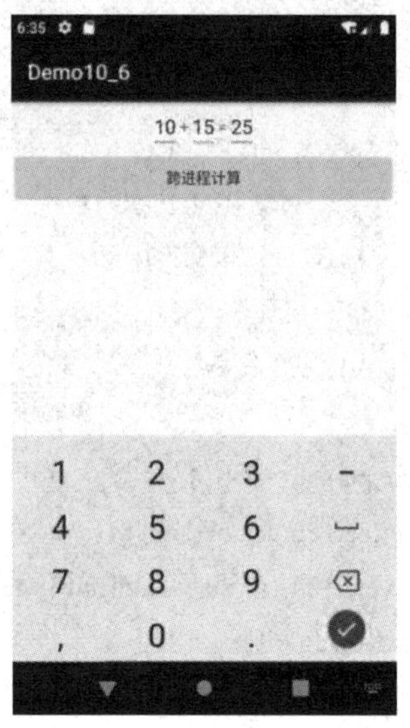

10-13　程序运行结果

习　题

1. 简述启动 Service 的两种方式的异同。

2. 设计程序，通过 IntentService、Service 实现进度条组件的异步操作。

3. 修改例 10-5、10-6，使用 AIDL 实现在 Service 进程间传递一个 AIDL 非默认支持的数据类型的数据。

第 11 章　广　　播

Android 中的广播，是一种广泛应用的、在应用程序之间传输信息的机制，类似于广播电台，许许多多不同的广播电台通过特定的频率发送内容，而用户只需要将频率调成和广播电台的频率一样就可以收听。电台是通过电磁波携带信息并发送，而 Android 中的广播是通过一个 Intent 组件携带要传送的数据并发送。电台中的广播是通过大功率的发射器发送的，而 Android 的广播则是通过程序中的方法来发送的。

11.1　广播简介

Android 中的广播分为两种不同的类型：标准广播(Normal Broadcasts)和有序广播(Ordered Broadcasts)。

标准广播是一种异步执行的广播，使用 sendBroadcast()方法发送。广播发送后，逻辑上可以被所有广播接收者接收到，消息传递的效率比较高，但接收者不能将处理结果传递给下一个接收者，并且无法终止接收广播。标准广播的工作流程如图 11-1 所示。

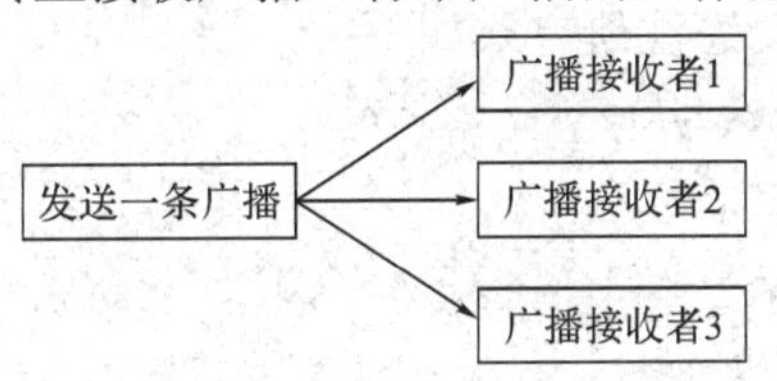

图 11-1　标准广播的工作流程

有序广播是一种同步执行的广播，使用 sendOrderedBroadcast()方法发送，使用 abortBroadcast()方法终止广播。广播发送后，逻辑上可以在同一时刻被一个广播接收者接收到，广播接收者可以有多个，但多个接收者有优先级别，根据优先级别，接收者依次接收广播。优先级高的广播接收者可以先收到广播，并且前面的广播接收者可以终止正在传递的广播，这样后面的广播接收者就无法接收到广播。有序广播的工作流程如图 11-2 所示。

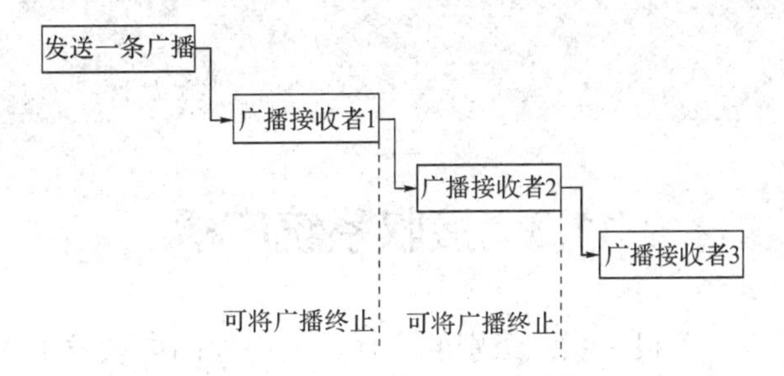

图 11-2　有序广播的工作流程

11.2　广播接收者

广播接收者用于接收广播发送的 Intent 对象，Intent 对象中包含广播的所有信息。广播接收者一般是一个类，继承自 BroadcastReceiver 类，并重写该类中的 onReceive()方法，当接收到广播时，onReceive()方法会自动执行，具体的逻辑可以在 onReceive()方法中实现。创建一个广播接收者的代码如下：

```
public class MyReceiver extends BroadcastReceiver {
    @Override
    public void onReceive(Context context, Intent intent) {
        String action = intent.getAction();
        Bundle obj = intent.getExtras();
        Log.i("TAG", "onReceive: --->action="+action);
        Log.i("TAG", "onReceive: --->obj="+obj);
    }
}
```

广播接收者创建后，并不能直接接收广播，需要进行注册，也称为订阅。注册有两种方式：动态注册和静态注册。

动态注册是使用代码进行手动订阅，动态注册在不使用的时候必须要解除注册，其生命周期受所在组件的约束，动态注册方式如下：

```
MyReceiver myReceiver = new MyReceiver();
IntentFilter filter = new IntentFilter();
filter.addAction(Intent.ACTION_BATTERY_CHANGED);
registerReceiver(myReceiver, filter);
```

静态注册是在 AndroidManifest.xml 文件中以配置的方式进行注册，使用的标签是<receiver>，静态注册的生命周期长，只要应用程序存在，就能一直接收广播。静态注册的配置方式如下：

```
<receiver android:name=".receiver.MyReceiver">
    <intent-filter>
        <action android:name="android.intent.action.BATTERY_CHANGED"/>
    </intent-filter>
</receiver>
```

11.3　接收系统广播

Android 系统中内置了很多系统级别的广播，如电池的电量发生变化会发出广播，时间或时区发生改变会发出广播，网络变化会发出广播等。接收系统广播首先要定义一个广播接收者，然后通过 Android API 查找需要接收的广播的名称。广播名称是 Intent 组件的 action，定义一个广播接收者并注册，即可接收系统广播。常见的系统广播如表 11-1 所示。

表 11-1　常见的系统广播

广 播 名 称	说　明
Intent.ACTION_AIRPLANE_MODE_CHANGED	关闭或打开飞行模式时发出的广播
Intent.ACTION_BATTERY_CHANGED	电池充电时发出的广播
Intent.ACTION_BATTERY_LOW	电池电量低时发出的广播
Intent.ACTION_BATTERY_OKAY	电池充满时发出的广播
Intent.ACTION_BOOT_COMPLETED	在系统启动完成后发出的广播
Intent.ACTION_CAMERA_BUTTON	拍照模式下按下拍照按键时发出的广播
Intent.ACTION_CLOSE_SYSTEM_DIALOGS	屏幕超时自动锁屏或当用户按下电源键锁屏时发出的广播
Intent.ACTION_CONFIGURATION_CHANGED	系统配置发生改变时发出的广播
Intent.ACTION_DATE_CHANGED	系统日期发生改变时发出的广播
Intent.ACTION_DEVICE_STORAGE_LOW	系统内存不足时发出的广播
Intent.ACTION_DEVICE_STORAGE_OK	系统内存从不足到充足时发出的广播
Intent.ACTION_EXTERNAL_APPLICATIONS_AVAILABLE	安装在外部存储器上的应用程序有效时发出的广播
Intent.ACTION_EXTERNAL_APPLICATIONS_UNAVAILABLE	安装在外部存储器上的应用程序无效时发出的广播
Intent.ACTION_GTALK_SERVICE_CONNECTED	Gtalk 已建立连接时发出的广播
Intent.ACTION_GTALK_SERVICE_DISCONNECTED	Gtalk 断开连接时发出的广播
Intent.ACTION_HEADSET_PLUG	耳机孔插入耳机时发出的广播
Intent.ACTION_INPUT_METHOD_CHANGED	改变系统输入法时发出的广播
Intent.ACTION_LOCALE_CHANGED	系统区域设置改变后发出的广播
Intent.ACTION_MANAGE_PACKAGE_STORAGE	系统存储不足时发出的广播
Intent.ACTION_MEDIA_BAD_REMOVAL	未正确移除外部存储时发出的广播
Intent.ACTION_MEDIA_BUTTON	按下“Media Button”按键时发出的广播
Intent.ACTION_MEDIA_CHECKING	系统检测外部存储时发出的广播
Intent.ACTION_MEDIA_EJECT	成功挂载外部存储后发出的广播
Intent.ACTION_MEDIA_MOUNTED	插入 SD 卡并且已正确安装时发出的广播
Intent.ACTION_MEDIA_REMOVED	完全拔出外部存储后发出的广播
Intent.ACTION_MEDIA_SCANNER_FINISHED	完成扫描外部存储目录时发出的广播
Intent.ACTION_MEDIA_SCANNER_SCAN_FILE	扫描指定文件时发出的广播
Intent.ACTION_MEDIA_SCANNER_STARTED	开始扫描外部存储目录时发出的广播

续表

广 播 名 称	说　明
Intent.ACTION_MEDIA_SHARED	外部存储被解除挂载时发出的广播
Intent.ACTION_PACKAGE_ADDED	新应用程序安装后发出的广播
Intent.ACTION_PACKAGE_CHANGED	应用程序被改变时发出的广播
Intent.ACTION_PACKAGE_DATA_CLEARED	清除应用程序数据时发出的广播
Intent.ACTION_PACKAGE_INSTALL	安装应用程序时发出的广播
Intent.ACTION_PACKAGE_REMOVED	删除应用程序后发出的广播
Intent.ACTION_PACKAGE_REPLACED	替换应用程序时发出的广播
Intent.ACTION_PACKAGE_RESTARTED	重新安装应用程序时发出的广播
Intent.ACTION_POWER_CONNECTED	外部电源接通时发出的广播
Intent.ACTION_POWER_DISCONNECTED	外部电源断开时发出的广播
Intent.ACTION_REBOOT	设备重启时发出的广播
Intent.ACTION_SCREEN_OFF	屏幕关闭后发出的广播
Intent.ACTION_SCREEN_ON	屏幕打开后发出的广播
Intent.ACTION_SHUTDOWN	系统关闭时发出的广播
Intent.ACTION_TIMEZONE_CHANGED	系统时区发生改变时发出的广播
Intent.ACTION_TIME_CHANGED	通过人为设置，系统时间改变时发出的广播
Intent.ACTION_TIME_TICK	由于时间流逝而发生系统时间改变时发出的广播
Intent.ACTION_UID_REMOVED	用户 ID 从系统中移除时发出的广播
Intent.ACTION_UMS_CONNECTED	系统进入 USB 大容量存储状态时发出的广播
Intent.ACTION_UMS_DISCONNECTED	系统从 USB 大容量存储状态转为正常状态时发出的广播
Intent.ACTION_WALLPAPER_CHANGED	设备墙纸改变后发出的广播
Intent.ACTION_USER_PRESENT	用户唤醒系统时发出的广播
Intent.ACTION_NEW_OUTGOING_CALL	拨打电话时发出的广播

下面通过一个例子来展示如何接收系统时间变化发出的广播，如例 11-1 所示。

【例 11-1】 接收系统时间变化发出的广播。

MainActivity.java 文件：

```
public class MainActivity extends AppCompatActivity {
    private IntentFilter intentFilter;
    private TimeTickReceiver timeTickReceiver;
    private static final String TAG = "MyTimeTickReceiver";
    @Override
    protected void onCreate(Bundle savedInstanceState) {
        super.onCreate(savedInstanceState);
```

```
        setContentView(R.layout.activity_main);
        intentFilter = new IntentFilter();
        intentFilter.addAction(Intent.ACTION_TIME_TICK);
        timeTickReceiver = new TimeTickReceiver();
        registerReceiver(timeTickReceiver, intentFilter);
    }
    @Override
    protected void onDestroy() {
        super.onDestroy();
        unregisterReceiver(timeTickReceiver);
    }
    class TimeTickReceiver extends BroadcastReceiver {
        @Override
        public void onReceive(Context context, Intent intent) {
            String action = intent.getAction();
            Bundle obj = intent.getExtras();
            if (action.equals(Intent.ACTION_TIME_TICK)){
                Log.i(TAG, "onReceive: --->action="+action);
            }
        }
    }
}
```

这里定义了一个广播接收者 TimeTickReceiver，用来接收系统时间变化的广播。系统时间变化的广播名称是 Intent.ACTION_TIME_TICK，每分钟广播一次，程序运行后通过日志窗口可以看到，TimeTickReceiver 每分钟可以接收到一次广播，如图 11-3 所示。

```
2019-10-14 09:36:00.012 5103-5103/com.bjsxt.demo11_1 I/MyTimeTickReceiver: onReceive: --->action=android.intent.action.TIME_TICK
2019-10-14 09:37:00.016 5103-5103/com.bjsxt.demo11_1 I/MyTimeTickReceiver: onReceive: --->action=android.intent.action.TIME_TICK
2019-10-14 09:38:00.014 5103-5103/com.bjsxt.demo11_1 I/MyTimeTickReceiver: onReceive: --->action=android.intent.action.TIME_TICK
```

图 11-3　日志信息

11.4　自定义广播

在 Android 应用程序中，也可以发送自定义广播。自定义广播也有两种类型：标准广播和有序广播。

发送标准广播一般使用 sendBroadcast(Intent intent)方法，该方法有一个参数，即 Intent，如例 11-2 所示。

【例 11-2】 自定义发送标准广播。

activity_main.xml 文件：

```
<?xml version="1.0" encoding="utf-8"?>
<LinearLayout xmlns:android="http://schemas.android.com/apk/res/android"
    android:layout_width="match_parent"
    android:layout_height="match_parent"
    android:orientation="vertical" >
    <Button
        android:id="@+id/btn"
        android:layout_width="match_parent"
        android:layout_height="wrap_content"
        android:text="发送标准广播" />
</LinearLayout>
```

MyNormalBroadcastsReceiver.java 文件：

```
public class MyNormalBroadcastsReceiver extends BroadcastReceiver {
    private static final String TAG = "MyNormalBroadcasts";
    @Override
    public void onReceive(Context context, Intent intent) {
        String action = intent.getAction();
        Log.i(TAG, "接收到标准广播！");
    }
}
```

MainActivity.java 文件：

```
public class MainActivity extends AppCompatActivity {
    @Override
    protected void onCreate(Bundle savedInstanceState) {
        super.onCreate(savedInstanceState);
        setContentView(R.layout.activity_main);
        Button button = (Button) findViewById(R.id.btn);
        button.setOnClickListener(new View.OnClickListener() {
            @Override
            public void onClick(View v) {
                ComponentName componentName=new ComponentName(getApplicationContext(),
                        "com.bjsxt.demo11_2.MyNormalBroadcastsReceiver");
                Intent intent = new Intent("com.bjsxt.broadcasttest.NormalBroadcasts");
                intent.setComponent(componentName);
                sendBroadcast(intent);
            }
        });
    }
}
```

这里定义了一个广播接收者 MyNormalBroadcastsReceiver，通过静态注册的方式进行注册，程序运行后，点击“发送标准广播”按钮，通过日志窗口可以看到接收到的广播信息，如图 11-4 所示。

```
2019-10-14 10:43:08.374 7962-7962/com.bjsxt.demo11_2 I/MyNormalBroadcasts: 接收到标准广播!
```

图 11-4　日志信息

发送标准广播时如不指定广播接收者所在的包名，即为隐式广播，这种广播在 Android 8.0 中被禁止，必须采用显式广播，即发送广播时必须指定广播接收者所在的包名，代码如下：

```
ComponentName componentName=new ComponentName(packageName, className);
Intent.setComponent(componentName);
```

ComponentName 类的构造方法中有两个参数：packageName 是启动应用的包名；className 是要启动的 Activity 或 Service 的全称(包名+类名)。

发送有序广播一般使用 sendOrderedBroadcast(Intent intent, String receiverPermission)方法，该方法中有两个参数：第一个参数是一个 Intent；第二个参数是一个字符串，用来指定接收广播的权限，如果为 null，表示任何接收者都可以接收，如例 11-3 所示。

【例 11-3】 自定义发送有序广播。

activity_main.xml 文件：

```
<?xml version="1.0" encoding="utf-8"?>
<LinearLayout xmlns:android="http://schemas.android.com/apk/res/android"
    android:layout_width="match_parent"
    android:layout_height="match_parent"
    android:orientation="vertical" >
    <Button
        android:id="@+id/btn"
        android:layout_width="match_parent"
        android:layout_height="wrap_content"
        android:text="发送有序广播" />
</LinearLayout>
```

MyOrderedBroadcasts1.java 文件：

```
public class MyOrderedBroadcasts1 extends BroadcastReceiver {
    private static final String TAG = "MyOrderedBroadcasts";
    @Override
    public void onReceive(Context context, Intent intent) {
        String action = intent.getAction();
        Log.i(TAG, "第一个接收者：接收到有序广播！");
    }
}
```

MyOrderedBroadcasts2.java 文件：

```
public class MyOrderedBroadcasts2 extends BroadcastReceiver {
    private static final String TAG = "MyOrderedBroadcasts";
    @Override
    public void onReceive(Context context, Intent intent) {
        String action = intent.getAction();
        Log.i(TAG, "第二个接收者：接收到有序广播！");
    }
}
```

MyOrderedBroadcasts3.java 文件：

```
public class MyOrderedBroadcasts3 extends BroadcastReceiver {
    private static final String TAG = "MyOrderedBroadcasts";
    @Override
    public void onReceive(Context context, Intent intent) {
        String action = intent.getAction();
        Log.i(TAG, "第三个接收者：接收到有序广播！");
    }
}
```

MainActivity.java 文件：

```
public class MainActivity extends AppCompatActivity {
    private IntentFilter intentFilter1, intentFilter2, intentFilter3;
    private MyOrderedBroadcasts1 myOrderedBroadcasts1;
    private MyOrderedBroadcasts2 myOrderedBroadcasts2;
    private MyOrderedBroadcasts3 myOrderedBroadcasts3;
    @Override
    protected void onCreate(Bundle savedInstanceState) {
        super.onCreate(savedInstanceState);
        setContentView(R.layout.activity_main);
        intentFilter1 = new IntentFilter();
        intentFilter1.addAction("com.bjsxt.broadcasttest.OrderedBroadcasts");
        intentFilter1.setPriority(1000);
        intentFilter2 = new IntentFilter();
        intentFilter2.addAction("com.bjsxt.broadcasttest.OrderedBroadcasts");
        intentFilter2.setPriority(999);
        intentFilter3 = new IntentFilter();
        intentFilter3.addAction("com.bjsxt.broadcasttest.OrderedBroadcasts");
        intentFilter3.setPriority(998);
        myOrderedBroadcasts1 = new MyOrderedBroadcasts1();
        myOrderedBroadcasts2 = new MyOrderedBroadcasts2();
```

```
        myOrderedBroadcasts3 = new MyOrderedBroadcasts3();
        registerReceiver(myOrderedBroadcasts1, intentFilter1);
        registerReceiver(myOrderedBroadcasts2, intentFilter2);
        registerReceiver(myOrderedBroadcasts3, intentFilter3);
        Button button = (Button) findViewById(R.id.btn);
        button.setOnClickListener(new View.OnClickListener() {
            @Override
            public void onClick(View v) {
                Intent intent = new Intent("com.bjsxt.broadcasttest.OrderedBroadcasts");
                sendOrderedBroadcast(intent, null);
            }
        });
    }
}
```

这里定义了三个广播接收者，即 MyOrderedBroadcasts1、MyOrderedBroadcasts2、MyOrderedBroadcasts3，通过动态注册的方式进行注册，程序运行后，点击“发送有序广播”按钮，通过日志窗口可以看到三个广播接收者依次接收到广播信息，如图 11-5 所示。

```
2019-10-14 11:29:40.947 8854-8854/com.bjsxt.demo11_3 I/MyOrderedBroadcasts: 第一个接收者：接收到有序广播!
2019-10-14 11:29:40.968 8854-8854/com.bjsxt.demo11_3 I/MyOrderedBroadcasts: 第二个接收者：接收到有序广播!
2019-10-14 11:29:40.981 8854-8854/com.bjsxt.demo11_3 I/MyOrderedBroadcasts: 第三个接收者：接收到有序广播!
```

图 11-5　日志信息

在有序广播中，广播接收者可以通过 abortBroadcast()方法结束广播。结束广播后，后面的接收者将无法收到广播信息。

习　题

1. 简述标准广播和有序广播的异同。
2. 设计程序，实现接收系统屏幕关闭与打开的广播。
3. 修改例 11-3，实现动态调整广播接收者的接收顺序。

第 12 章　应用程序间的数据共享

Android 系统中通过 ContentProvider 类和 ContentResolver 类可以实现应用程序间的数据共享。通过继承 ContentProvider 类可以定义一个数据共享提供者，用于提供数据共享；通过 Content 获取一个 ContentResolver 对象可用于调用共享数据(共享数据调用者)。

12.1　数据共享的原理

实现应用程序间的数据共享，可以通过继承 ContentProvider 类定义一个数据共享提供者，ContentProvider 类将对数据的操作封装成方法，子类通过继承实现这些方法。ContentProvider 类为应用程序间的数据共享提供了一个统一的接口，允许外部调用应用程序中的数据，同时还能保证被调用数据的安全，共享的数据一般是来自 Internet、SQLite、File 等。ContentResolver 对象可以通过 Content 获取，调用 Content 的 getContentResolver() 方法可以获得一个 ContentResolver 实例对象，该对象作为共享数据的调用者封装了一系列对共享数据的操作方法。ContentResolver 实例对象不直接调用共享数据，而是调用 ContentProvider 子类对象中的方法来实现共享数据的调用。数据共享原理如图 12-1 所示。

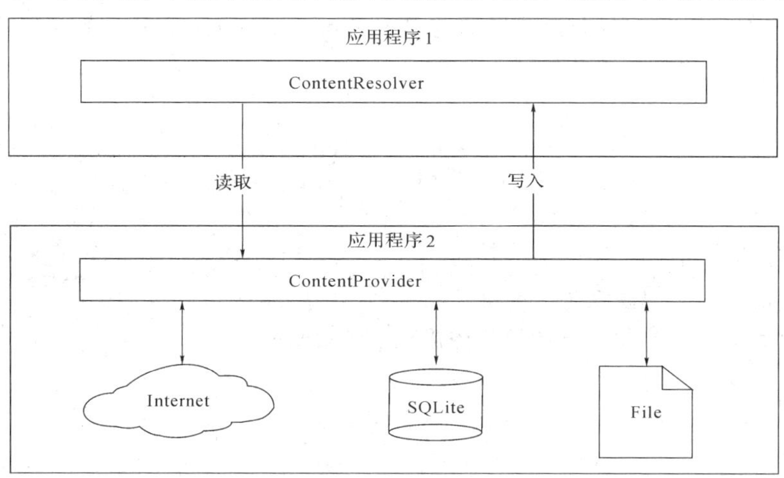

图 12-1　数据共享原理

12.2　数据共享的权限

Android 为了保护用户隐私及应用程序的数据安全，对应用程序间、系统与应用程序间的数据和设备互访做了严格的权限控制，特别是在 Android 9.0 以后，这种控制更为严格，应用程序在调用某些数据或设备前，必须进行权限的申请。

Android 系统将权限分为两类，一类是普通权限，另一类是危险权限。普通权限一般不涉及用户隐私或数据安全，系统会自动授权，开发者只需要在应用程序配置文件中申请权限即可，不需要用户操作。危险权限一般会涉及用户隐私或数据安全，如通迅录信息、相册信息等，开发者首先需要在应用程序配置文件中申请，然后在调用时，通知用户需要获取哪些权限，由用户进行授权，常见的危险权限如表 12-1 所示。

表 12-1　危险权限

权限组名	权 限 名
CALENDAR(日历)	READ_CALENDAR、WRITE_CALENDER
CAMERA (相机)	CAMERA
CONTACTS(联系人)	READ_CONTACTS、WRITE_CONTACTS、GET_ACCOUNTS
LOCATION(定位)	ACCESS_FINE_LOCATION、ACCESS_COARSE_LOCATION
MICROPHON(麦克风)	RECORD_AUDIO
PHONE(电话)	READ_PHONE_STATE、CALL_PHONE、READ_CALL_LOG、WRITE_CALL_LOG、ADD_VOICEMAIL、USE_SIP、PROCESS_OUTGOING_CALLS
SENSORS(传感器)	BODY_SENSORS
SMS(短信)	Short Message Service、SEND_SMS、RECEIVE_SMS、READ_SMS、RECEIVE_WAP_PUSH、RECEIVE_MMS
STORAGE(数据存储)	READ_EXTRAL_STRORAGE、WRITE_EXTERNAL_STORAGE

由于普通权限较多，故本书不一一列举，读者可以查阅 Android API 了解。获取普通权限只需要在系统配置文件中申请即可，系统会自动授权。例如，申请获取网络状态权限的配置如下：

```
<uses-permission android:name="android.permission.ACCESS_NETWORK_STATE"/>
```

获取危险权限时，首先要在配置文件中申请，如申请拨打电话的权限配置如下：

```
<uses-permission android:name="android.permission.CALL_PHONE"/>
```

权限申请后，在使用该权限时，需要进行授权检查，一般使用 ContextCompat.checkSelfPermission(Context context，String permission)方法检查。该方法有两个参数，第一个参数是 Context，第二个参数是要检查的权限。该方法的返回值是一个枚举型数据，其中，PackageManager.PERMISSION_GRANTED 表示已经授权，PackageManager.PERMISSION_DENIED 表示未授权。例如，检查是否具有拨打电话的权限，代码如下：

```
if(ContextCompat.checkSelfPermission(MainActivity.this, Manifest.permission.CALL_PHONE)!=
PackageManager.PERMISSION_GRANTED) {     //没有授权，编写申请权限代码
}else{
    //已经授权，执行操作代码
}
```

授权检查后，如果已经授权，则直接执行相关逻辑即可；如果没有授权，则需要获取

授权。获取授权一般使用 requestPermissions(Activity activity, String[] permissions, int requestCode)方法，该方法有三个参数：第一个参数是申请权限的 Activity 实例；第二个参数是需要申请的权限的字符串数组(支持同时申请多个权限，系统会逐个询问是否授权)；第三个参数为请求码，主要用于在回调方法中对授权结果进行处理。用户做出选择后会自动调用回调方法 onRequestPermissionsResult(int requestCode, @NonNull String[] permissions, @NonNull int[] grantResults)。例如，申请拨打电话的权限，代码如下：

```
ActivityCompat.requestPermissions(MainActivity.this, newString[]{Manifest.permission.CALL_PHONE}, 1);
```

用户做出选择后调用回调方法 onRequestPermissionsResult()，代码如下：

```
@Override
public void onRequestPermissionsResult(int requestCode, @NonNull String[] permissions, @NonNull int[]
grantResults){
    switch (requestCode){
     case 1:
       if(grantResults.length > 0 && grantResults[0] == PackageManager.PERMISSION_GRANTED){
       //已经授权，执行操作代码
       }else{
          Toast.makeText(this, "没有授权", Toast.LENGTH_SHORT).show();
       }
    }
}
```

下面通过一个完整的例子，展示如何调用系统拨打电话，如例 12-1 所示。

【例 12-1】 调用系统拨打电话。

activity_main.xml 文件：

```
<?xml version="1.0" encoding="utf-8"?>
<LinearLayout xmlns:android="http://schemas.android.com/apk/res/android"
    android:layout_width="match_parent"
    android:layout_height="match_parent"
    android:orientation="vertical" >
    <Button
       android:id="@+id/btn1"
       android:layout_width="match_parent"
       android:layout_height="wrap_content"
       android:text="报名电话" />
</LinearLayout>
```

MainActivity.java 文件：

```
public class MainActivity extends AppCompatActivity {
    @Override
    protected void onCreate(Bundle savedInstanceState) {
       super.onCreate(savedInstanceState);
```

```
        setContentView(R.layout.activity_main);
        Button button1 = (Button) findViewById(R.id.btn1);
        button1.setOnClickListener(new View.OnClickListener() {
            @Override
            public void onClick(View v) {
                if (ContextCompat.checkSelfPermission(MainActivity.this, Manifest.permission.CAMERA) !=
PackageManager.PERMISSION_GRANTED) {
                    ActivityCompat.requestPermissions(MainActivity.this, new String[] {
Manifest.permission.CALL_PHONE}, 1);
                }else{
                    telCall();
                }
            }
        });
    }
    private void telCall(){
        try {
            Intent intent=new Intent(Intent.ACTION_CALL);
            intent.setData(Uri.parse("tel:4000091906"));
            startActivity(intent);
        }catch (SecurityException e){
            e.printStackTrace();
        }
    }
    @Override
    public void onRequestPermissionsResult(int requestCode, @NonNull String[] permissions,
@NonNull int[] grantResults) {
        switch (requestCode){
        case 1:
            if(grantResults.length > 0 && grantResults[0] == PackageManager.PERMISSION_GRANTED){
                telCall();
            }else{
                Toast.makeText(this, "没有权限", Toast.LENGTH_LONG).show();
            }
            break;
            default:
        }
    }
}
```

程序运行后，点击“报名电话”按钮，弹出授权窗口，如图 12-2 所示。

在授权窗口选择“允许”，允许调用系统拨打电话，程序将自动进行拨号，如图 12-3 所示。

图 12-2　授权窗口　　　　图 12-3　拨打电话

12.3　使用 ContentResolver 实现数据共享

实现应用程序间的数据共享，可以使用 ContentResolver 调用 ContentProvider 提供的接口操作数据，ContentResolver 对象需通过 Content 的 getContentResolver()方法获取，如下所示：

```
ContentResolver contentResolver = context.getContentResolver();
```

ContentResolver 的常用方法如表 12-2 所示。

表 12-2　ContentResolverr 的常用方法

方 法 名	说　明
query(Uri uri, String[] projection, String selection, String[] selectionArgs, String sortOrder)	查询数据
insert(Uri url, ContentValues values)	添加一条数据
update(Uri uri, ContentValues values, String where, String[] selectionArgs)	更新数据
delete(Uri url, String where, String[] selectionArgs)	删除数据

ContentResolver 对象的所有方法中都有一个 Uri 参数，Uri 是 Java 中的一个类，用来指定一个数据资源，在 Android 中该 Uri 规定由三部分构成，各部分说明如表 12-3 所示。

表 12-3　Uri 构成说明

构　成	说　明
scheme	Android 规定为“content://”
authority	数据资源的 Uri
path	要操作的数据路径

例如，存在以下 Uri：

```
content://com.bjsxt.provider/course
```

该 Uri 的意义是：由 com.bjsxt.provider 提供了一个 course 数据的资源。一般 authority 使用公司域名的倒序排列再加 provider 关键字。

使用 ContentResolver 可以获取自定义 ContentProvider 中共享的数据资源，也可以获取系统内置的数据资源，Android 系统中的通话记录、短信、通讯录等都可以通过 ContentResolver 获取。

例如，Android 系统中的通话记录存储在 SQLite 数据库中，路径是：data/data/com.android.providers.contacts/databases/contacts2.db，对外暴露的 Uri 是“content://call_log/calls”，该 Uri 定义在系统常量 CallLog.Calls.CONTENT_URI 中，可以直接使用，如例 12-2 所示。

【例 12-2】 调用系统通话记录。

activity_main.xml

```
<?xml version="1.0" encoding="utf-8"?>
<RelativeLayout xmlns:android="http://schemas.android.com/apk/res/android"
    xmlns:tools="http://schemas.android.com/tools"
    android:layout_width="match_parent"
    android:layout_height="match_parent">
    <TextView
        android:id="@+id/title"
        android:layout_width="match_parent"
        android:layout_height="wrap_content"
        android:text="通话记录：" />
    <ListView
        android:id="@+id/lv_listview"
        android:layout_width="match_parent"
        android:layout_height="match_parent"
        android:layout_below="@+id/title">
    </ListView>
</RelativeLayout>
```

item_listview.xml 文件：

```
<?xml version="1.0" encoding="utf-8"?>
<LinearLayout xmlns:android="http://schemas.android.com/apk/res/android"
    android:layout_width="match_parent"
    android:layout_height="match_parent"
    android:orientation="horizontal">
    <TextView
        android:id="@+id/tv_id"
        android:layout_width="wrap_content"
        android:layout_height="wrap_content"
```

```
        android:paddingLeft="8dp" />
    <TextView
        android:id="@+id/tv_number"
        android:layout_width="wrap_content"
        android:layout_height="wrap_content"
        android:paddingLeft="8dp" />
    <TextView
        android:id="@+id/tv_date"
        android:layout_width="wrap_content"
        android:layout_height="wrap_content"
        android:paddingLeft="8dp" />
    <TextView
        android:id="@+id/tv_type"
        android:layout_width="wrap_content"
        android:layout_height="wrap_content"
        android:paddingLeft="8dp" />
</LinearLayout>
```

MainActivity.java 文件：

```
public class MainActivity extends AppCompatActivity {
    private Uri uri_callLog = CallLog.Calls.CONTENT_URI;
    private ContentResolver contentResolver;
    private ListView lv_listview;
    private MyCursorAdapter adapter;
    @Override
    protected void onCreate(Bundle savedInstanceState) {
        super.onCreate(savedInstanceState);
        setContentView(R.layout.activity_main);
        lv_listview = (ListView) findViewById(R.id.lv_listview);
        if (ContextCompat.checkSelfPermission(this, Manifest.permission.READ_CALL_LOG) !=
PackageManager.PERMISSION_GRANTED) {
            ActivityCompat.requestPermissions(this, new
String[]{Manifest.permission.READ_CALL_LOG}, 1);
        } else {
            queryCallLog();
        }
        registerForContextMenu(lv_listview);
    }
    public void queryCallLog() {
        Cursor cursor = null;
```

```
        try {
            cursor = getContentResolver().query(uri_callLog, new String[]{"_id", "number", "date",
"type"}, null, null, "date desc");
            adapter = new MyCursorAdapter(this, cursor,
CursorAdapter.FLAG_REGISTER_CONTENT_OBSERVER);
            lv_listview.setAdapter(adapter);
        } catch (SecurityException e) {
            e.printStackTrace();
        }
    }
    public void onRequestPermissionsResult(int requestCode, @NonNull String[] permissions,
@NonNull int[] grantResults) {
        switch (requestCode){
            case 1:
                if(grantResults.length > 0 && grantResults[0] ==
PackageManager.PERMISSION_GRANTED){
                    queryCallLog();
                }else{
                    Toast.makeText(this, "没有权限", Toast.LENGTH_LONG).show();
                }
                break;
            default:
        }
    }
    class MyCursorAdapter extends CursorAdapter {
        public MyCursorAdapter(Context context, Cursor c, int flags) {
            super(context, c, flags);
        }
        @Override
        public View newView(Context context, Cursor cursor, ViewGroup parent) {
            return LayoutInflater.from(MainActivity.this).inflate(R.layout.item_listview, null);
        }
        @Override
        public void bindView(View view, Context context, Cursor cursor) {
            TextView tv_id = (TextView) view.findViewById(R.id.tv_id);
            TextView tv_number = (TextView) view.findViewById(R.id.tv_number);
            TextView tv_date = (TextView) view.findViewById(R.id.tv_date);
            TextView tv_type = (TextView) view.findViewById(R.id.tv_type);
            tv_id.setText("" + cursor.getInt(cursor.getColumnIndex("_id")));
```

```
                tv_number.setText(cursor.getString(cursor.getColumnIndex("number")));
                long dateNum = cursor.getLong(cursor.getColumnIndex("date"));
                Date date = new Date(dateNum);
                SimpleDateFormat sdf = new SimpleDateFormat("yyyy-MM-dd HH:mm:ss");
                tv_date.setText(sdf.format(date));
                int typeNum = cursor.getInt(cursor.getColumnIndex("type"));
                if (typeNum == 1) {
                    tv_type.setText("呼入");
                } else if (typeNum == 2) {
                    tv_type.setText("呼出");
                } else {
                    tv_type.setText("未接");
                }
            }
        }
}
```

程序运行结果如图 12-4 所示。

图 12-4　程序运行结果

12.4　使用 ContentProvider 实现数据共享

要实现应用程序间的数据共享，必须有一方提供数据共享。提供数据共享可通过新建一个类继承 ContentProvider 类来实现，这个新建类一般称之为内容提供器，该类通过重写 ContentProvider 类中的六个方法，将对数据的操作对外暴露，这六个方法的作用如表 12-4 所示。

表 12-4　ContentProvider 类中的六个抽象方法

方法名	说　明
onCreate()	初始化内容提供器时自动调用该方法
query(Uri, String[], String, String[], String)	使用该方法从内容提供器中查询数据
insert(Uri, ContentValues)	使用该方法向内容提供器中添加一条数据
update(Uri, ContentValues, String, String[])	使用该方法更新内容提供器中已有的数据
delete(Uri, String, String[])	使用该方法从内容提供器中删除数据
getType(Uri)	使用该方法根据传入的内容 Uri 返回内容的数据类型

在这六个抽象方法中，query()方法、insert()方法、update()方法、delete()方法、getType()方法都可被第三方调用，实现数据的查询、插入、修改、删除等操作，这些方法也称为接口；onCreate()方法在内容提供器被初始化时调用。

内容提供器通过 Uri 对外暴露接口，供外部调用使用。当有外部请求时，内容提供器解析请求端的 Uri，判断外部调用是否合法以及判断需要给这个外部调用匹配哪些数据，所以，需要在内容提供器中定义匹配规则。匹配规则通过 UriMatcher 类的 addURI()方法来实现，代码如下：

```
public void addURI(String authority, String path, int code)
```

其中，authority 参数表示数据资源的 Uri；path 参数表示共享数据的路径；code 参数表示匹配码。外部调用根据这三个要素请求共享数据资源。

匹配过程通过调用 UriMatcher 的 match()方法进行匹配检测，该方法返回一个 int 型的匹配码，根据返回的匹配码，判断该请求是否合法。

内容提供器需在 AndroidManifest.xml 中声明，声明格式如下所示：

```
<provider
    android:authorities=""
    android:name=""
    android:exported="true"
/>
```

其中，authorities 表示数据资源的 Uri；name 表示对应的类名；exported 表示是否允许其他应用调用。

下面通过一个例子来展示如何通过 ContentProvider 实现 SQLite 数据库的数据共享，在例 12-3 中定义了一个内容提供器，在例 12-4 中访问该内容提供器。

【例 12-3】 定义一个内容提供器。

activity_main.xml 文件：

```
<?xml version="1.0" encoding="utf-8"?>
<LinearLayout xmlns:android="http://schemas.android.com/apk/res/android"
    android:layout_width="match_parent"
    android:layout_height="match_parent"
    android:orientation="vertical" >
    <Button
```

```
        android:id="@+id/create_database"
        android:layout_width="match_parent"
        android:layout_height="wrap_content"
        android:text="创建数据库"
        />
    <Button
        android:id="@+id/add_data"
        android:layout_width="match_parent"
        android:layout_height="wrap_content"
        android:text="添加数据"
        />
</LinearLayout>
```

MyContentProvider.java 文件：

```
public class MyContentProvider extends ContentProvider {
    private MySqliteHelper dbHelper;
    SQLiteDatabase db;
    private static final UriMatcher sUriMatcher;
    private static final int MATCH_PERSON = 1;
    public static final String AUTHORITY = "com.bjsxt.demo12_2.MyContentProvider";
    public static final Uri CONTENT_URI_PERSON = Uri.parse("content://" + AUTHORITY + "/person");
    static {
        sUriMatcher = new UriMatcher(UriMatcher.NO_MATCH);
        sUriMatcher.addURI(AUTHORITY, "person", MATCH_PERSON);
    }
    @Override
    public boolean onCreate() {
        dbHelper = new MySqliteHelper(getContext(), "bjsxt.db", null, 1);
        db = dbHelper.getReadableDatabase();
        return false;
    }
    @Nullable
    @Override
    public Cursor query(@NonNull Uri uri, @Nullable String[] projection, @Nullable String selection,
@Nullable String[] selectionArgs, @Nullable String sortOrder) {
        SQLiteQueryBuilder queryBuilder = new SQLiteQueryBuilder();
        if(sUriMatcher.match(uri)==MATCH_PERSON)
        {
            Cursor cursor = db.query("person", projection, selection, selectionArgs, null, null, sortOrder);
            return cursor;
```

```
        }else{
            throw new IllegalArgumentException("Unknown URI " + uri);
        }
    }
    @Nullable
    @Override
    public String getType(@NonNull Uri uri) {
        return null;
    }
    @Nullable
    @Override
    public Uri insert(@NonNull Uri uri, @Nullable ContentValues contentValues) {
        if(sUriMatcher.match(uri)==MATCH_PERSON)
        {
            long rowID = db.insert("person", null, contentValues);
            if(rowID > 0) {
                Uri retUri = ContentUris.withAppendedId(CONTENT_URI_PERSON, rowID);
                return retUri;
            }
        }else{
            throw new IllegalArgumentException("Unknown URI " + uri);
        }
        return null;
    }
    @Override
    public int delete(@NonNull Uri uri, @Nullable String selection, @Nullable String[] selectionArgs) {
        int count = 0;
        if(sUriMatcher.match(uri)==MATCH_PERSON)
        {
            count = db.delete("person", selection, selectionArgs);

        }else{
            throw new IllegalArgumentException("Unknown URI " + uri);
        }
        return count;
    }
    @Override
    public int update(@NonNull Uri uri, @Nullable ContentValues contentValues, @Nullable String
```

```
selection, @Nullable String[] selectionArgs) {
        int count = 0;
        if(sUriMatcher.match(uri)==MATCH_PERSON)
        {
            count   = db.update("person", contentValues, selection, selectionArgs);
        }else{
            throw new IllegalArgumentException("Unknown URI " + uri);
        }
        return count;
    }
}
```

MainActivity.java 文件：

```
public class MainActivity extends AppCompatActivity {
    private MySqliteHelper dbHelper;
    @Override
    protected void onCreate(Bundle savedInstanceState) {
        super.onCreate(savedInstanceState);
        setContentView(R.layout.activity_main);
        Button createDatabase = (Button) findViewById(R.id.create_database);
        Button addData = (Button) findViewById(R.id.add_data);
        createDatabase.setOnClickListener(new View.OnClickListener() {
            @Override
            public void onClick(View v) {
                dbHelper = new MySqliteHelper(MainActivity.this, "bjsxt.db", null, 1);
                dbHelper.getWritableDatabase();
            }
        });
        addData.setOnClickListener(new View.OnClickListener() {
            @Override
            public void onClick(View v) {
                SQLiteDatabase db = dbHelper.getWritableDatabase();
                ContentValues values = new ContentValues();
                for (int i = 30; i < 50; i++) {
                    values.put("name", "gaoqi"+i);
                    values.put("age", i);
                    db.insert("person", null, values);
                    values.clear();
                }
                db.close();
```

```
            }
        });
    }
}
```

该实例中通过继承 ContentProvider 类，定义了一个内容提供器：MyContentProvider 类。在该类中重写了 ContentProvider 类中的 query()、insert()、delete()等方法，实现了数据的查询、插入、删除等操作，并在该类中实例化了一个 UriMatcher 对象，将匹配内容规则加到该对象中，在 query()、insert()等方法中通过调用 UriMatcher 对象的 match 方法进行了规则匹配。ContentProvider 类需要在 AndroidManifest.xml 文件中声明，如下所示：

```
<provider
    android:authorities="com.bjsxt.demo12_3.MyContentProvider"
    android:name=".MyContentProvider"
    android:exported="true"/>
```

【例 12-4】 访问一个内容提供器。

activity_main.xml 文件：

```
<?xml version="1.0" encoding="utf-8"?>
<LinearLayout xmlns:android="http://schemas.android.com/apk/res/android"
    android:layout_width="match_parent"
    android:layout_height="match_parent"
    android:orientation="vertical" >
    <Button
        android:id="@+id/bt_insert"
        android:layout_width="match_parent"
        android:layout_height="wrap_content"
        android:text="insert"/>
    <Button
        android:id="@+id/bt_query"
        android:layout_width="match_parent"
        android:layout_height="wrap_content"
        android:text="query"/>
    <Button
        android:id="@+id/bt_update"
        android:layout_width="match_parent"
        android:layout_height="wrap_content"
        android:text="update"/>
    <Button
        android:id="@+id/bt_delete"
        android:layout_width="match_parent"
        android:layout_height="wrap_content"
```

```
        android:text="delete"/>
</LinearLayout>
```

MainActivity.java 文件：

```
public class MainActivity extends AppCompatActivity implements View.OnClickListener {
    Button bt_insert, bt_query, bt_update, bt_delete;
    public static final String AUTHORITY = "com.bjsxt.demo12_2.MyContentProvider";
    public static final Uri CONTENT_URI_PERSON = Uri.parse("content://" + AUTHORITY + "/person");
    @Override
    protected void onCreate(Bundle savedInstanceState) {
        super.onCreate(savedInstanceState);
        setContentView(R.layout.activity_main);
        bt_insert = (Button) findViewById(R.id.bt_insert);
        bt_query = (Button) findViewById(R.id.bt_query);
        bt_update = (Button) findViewById(R.id.bt_update);
        bt_delete = (Button) findViewById(R.id.bt_delete);
        bt_insert.setOnClickListener(this);
        bt_query.setOnClickListener(this);
        bt_update.setOnClickListener(this);
        bt_delete.setOnClickListener(this);
    }
    @Override
    public void onClick(View v) {
        ContentValues values = new ContentValues();
        switch (v.getId()) {
            case R.id.bt_insert:
                values.put("name", "gaoqi100");
                values.put("age", 80);
                Uri uri = this.getContentResolver().insert(CONTENT_URI_PERSON, values);
                Log.e("test ", uri.toString());
                values.clear();
                break;
            case R.id.bt_query:
                Cursor cursor = this.getContentResolver().query(CONTENT_URI_PERSON, null,
null, null, null);
                Log.e("test ", "count=" + cursor.getCount());
                cursor.moveToFirst();
                while (!cursor.isAfterLast()) {
                    String name = cursor.getString(cursor.getColumnIndex("name"));
                    String age = cursor.getString(cursor.getColumnIndex("age"));
```

```
                Log.e("test ", "name: " + name);
                Log.e("test ", "age: " + age);
                cursor.moveToNext();
            }
            cursor.close();
            break;
        case R.id.bt_update:
            values.put("age", 100);
            int count = this.getContentResolver().update(CONTENT_URI_PERSON, values,
"name = 'gaoqi100'", null);
            Log.e("test ", "count=" + count);
            values.clear();
            break;
        case R.id.bt_delete:
            int count2 = this.getContentResolver().delete(CONTENT_URI_PERSON, "name =
'gaoqi100'", null);
            Log.e("test ", "count=" + count2);
            break;
        default:
            break;
        }
    }
}
```

首先运行例 12-3，依次创建数据库并添加数据，然后再运行例 12-4，例 12-4 程序运行结果如图 12-5 所示。

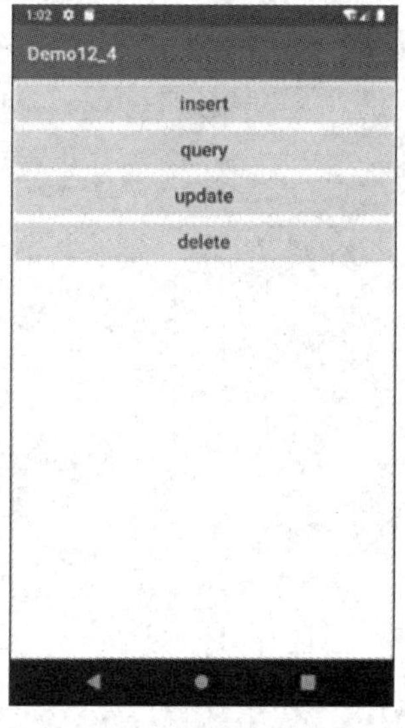

图 12-5　程序运行结果

在例 12-4 中可以点击“insert”“query”“update”等按钮，实现向例 12-3 共享数据数据表 person 中插入、查询、修改数据等操作，如点击“query”按钮后，可以查询到例 12-3 中数据库表 person 中的数据，日志信息如图 12-6 所示。

```
2019-10-24 09:37:04.307 19991-19991/com.bjsxt.demo12_4 E/test: name: gaoqi41
2019-10-24 09:37:04.307 19991-19991/com.bjsxt.demo12_4 E/test: age: 41
2019-10-24 09:37:04.307 19991-19991/com.bjsxt.demo12_4 E/test: name: gaoqi42
2019-10-24 09:37:04.308 19991-19991/com.bjsxt.demo12_4 E/test: age: 42
2019-10-24 09:37:04.308 19991-19991/com.bjsxt.demo12_4 E/test: name: gaoqi43
2019-10-24 09:37:04.308 19991-19991/com.bjsxt.demo12_4 E/test: age: 43
2019-10-24 09:37:04.309 19991-19991/com.bjsxt.demo12_4 E/test: name: gaoqi44
2019-10-24 09:37:04.309 19991-19991/com.bjsxt.demo12_4 E/test: age: 44
2019-10-24 09:37:04.309 19991-19991/com.bjsxt.demo12_4 E/test: name: gaoqi45
2019-10-24 09:37:04.309 19991-19991/com.bjsxt.demo12_4 E/test: age: 45
2019-10-24 09:37:04.309 19991-19991/com.bjsxt.demo12_4 E/test: name: gaoqi46
2019-10-24 09:37:04.309 19991-19991/com.bjsxt.demo12_4 E/test: age: 46
2019-10-24 09:37:04.309 19991-19991/com.bjsxt.demo12_4 E/test: name: gaoqi47
```

图 12-6　日志信息

习　题

1. 简述 ContentProvider 和 ContentResolver 数据共享的原理。
2. 简述普通权限与危险权限的异同。
3. 设计程序以实现读取系统短信列表。

附录 Android 系统权限一览表

权限名称	说明
ACCESS_CHECKIN_PROPERTIES	允许读写 check-in 数据库属性表
ACCESS_COARSE_LOCATION	允许通过 WiFi 或移动基站获取用户粗略的经纬度信息
ACCESS_FINE_LOCATION	允许通过 GPS 芯片接收卫星的定位信息
ACCESS_LOCATION_EXTRA_COMMANDS	允许调用额外定位指令
ACCESS_NETWORK_STATE	允许获取网络状态信息
ACCESS_NOTIFICATION_POLICY	允许应用程序通知显示在通知栏
ACCESS_WIFI_STATE	允许应用程序获取 WiFi 状态的信息
ACCOUNT_MANAGER	允许应用程序获取账户验证信息
ADD_VOICEMAIL	允许应用程序添加语音邮件功能
BATTERY_STATS	允许应用程序更新电池使用统计信息
BIND_ACCESSIBILITY_SERVICE	允许应用程序绑定 AccessibilityService 服务
BIND_APPWIDGET	允许应用程序绑定窗口小部件数据库
BIND_CARRIER_MESSAGING_SERVICE	允许应用程序绑定运营商应用程序中服务的系统进程
BIND_CHOOSER_TARGET_SERVICE	允许应用程序绑定一个继承自 ChooserTarget Service 的服务
BIND_DEVICE_ADMIN	允许应用程序绑定设备管理器
BIND_DREAM_SERVICE	允许应用程序绑定一个继承自 DreamService 的服务
BIND_INCALL_SERVICE	允许应用程序绑定一个继承自 MidiDeviceService 的服务
BIND_INPUT_METHOD	允许应用程序绑定一个继承自 InputMethodService 的服务
BIND_MIDI_DEVICE_SERVICE	允许应用程序绑定一个继承自 MidiDeviceService 的服务
BIND_NFC_SERVICE	允许应用程序绑定一个继承自 HostApduService 或 OffHostApduService 的服务
BIND_NOTIFICATION_LISTENER_SERVICE	允许应用程序绑定一个继承自 NotificationListener Service 的服务
BIND_PRINT_SERVICE	允许应用程序绑定一个继承自 PrintService 的服务

续表一

权 限 名 称	说 明
BIND_REMOTEVIEWS	允许应用程序绑定一个继承自 RemoteViewsService 的服务
BIND_TELECOM_CONNECTION_SERVICE	允许应用程序绑定一个继承自 ConnectionService 的服务
BIND_TEXT_SERVICE	允许应用程序绑定一个继承自 TextService 的服务
BIND_TV_INPUT	允许应用程序绑定一个继承自 TvInputService 的服务
BIND_VOICE_INTERACTION	允许应用程序绑定一个继承自 VoiceInteraction Service 的服务
BIND_VPN_SERVICE	允许应用程序绑定一个继承自 VpnService 的服务
BIND_WALLPAPER	允许应用程序绑定一个继承自 WallpaperService 的服务
BLUETOOTH	允许应用程序访问已连接配对的蓝牙设备
BLUETOOTH_ADMIN	允许应用程序发现和配对新的蓝牙设备
BLUETOOTH_PRIVILEGED	允许应用程序自动配对蓝牙设备
BODY_SENSORS	允许应用程序调用人体传感器
BROADCAST_PACKAGE_REMOVED	允许应用程序被删除时触发一个广播
BROADCAST_SMS	允许应用程序在收到短信后触发一个广播
CALL_PHONE	允许应用程序在非系统拨号器里拨打电话，不需要用户确认
CALL_PRIVILEGED	允许应用程序替换系统拨号器拨打电话，需要用户确认
CAMERA	允许应用程序调用摄像头进行拍照
CAPTURE_AUDIO_OUTPUT	允许应用程序捕获音频输出
CAPTURE_SECURE_VIDEO_OUTPUT	允许应用程序捕获安全视频输出
CAPTURE_VIDEO_OUTPUT	允许应用程序捕获视频输出
CHANGE_COMPONENT_ENABLED_STATE	允许应用程序改变一个组件的启用状态
CHANGE_CONFIGURATION	允许应用程序修改当前设置
CHANGE_NETWORK_STATE	允许应用程序修改网络状态
CHANGE_WIFI_MULTICAST_STATE	允许应用程序修改 WiFi 的多播状态
CHANGE_WIFI_STATE	允许应用程序修改 WiFi 的状态
CLEAR_APP_CACHE	允许应用程序删除应用程序的缓存文件

续表二

权 限 名 称	说 明
CONTROL_LOCATION_UPDATES	允许应用程序更新移动网络的位置信息
DELETE_CACHE_FILES	允许应用程序删除系统的缓存文件
DELETE_PACKAGES	允许应用程序删除其他的应用程序
DIAGNOSTIC	允许应用程序在内存中诊断程序资源
DISABLE_KEYGUARD	允许应用程序禁用键盘锁
DUMP	允许应用程序获取 dump 信息
EXPAND_STATUS_BAR	允许应用程序展开或收缩通知栏
FACTORY_TEST	允许应用程序运行工厂测试模式
FLASHLIGHT	允许应用程序调用闪光灯
GET_ACCOUNTS	允许应用程序访问 Gmail 账户列表
GET_PACKAGE_SIZE	允许应用程序获取包的大小
GET_TASKS	允许应用程序获取当前任务状态信息
GLOBAL_SEARCH	允许应用程序进行全局搜索
INSTALL_LOCATION_PROVIDER	允许应用程序安装一个 LocationProvider 服务
INSTALL_PACKAGES	允许应用程序安装其他应用程序
INSTALL_SHORTCUT	允许应用程序创建快捷方式
INTERNET	允许应用程序访问网络
KILL_BACKGROUND_PROCESSES	允许应用程序调用 killBackgroundProcesses(String) 方法结束其他应用程序的后台进程
LOCATION_HARDWARE	允许应用程序直接使用定位硬件
MANAGE_DOCUMENTS	允许应用程序管理文档的访问
MASTER_CLEAR	允许应用程序删除系统的配置信息
MEDIA_CONTENT_CONTROL	允许应用程序控制播放内容
MODIFY_AUDIO_SETTINGS	允许应用程序修改音频配置信息
MODIFY_PHONE_STATE	允许应用程序修改电话状态
MOUNT_FORMAT_FILESYSTEMS	允许应用程序格式化外部文件系统
MOUNT_UNMOUNT_FILESYSTEMS	允许应用程序挂载、卸载外部文件系统
NFC	允许应用程序调用 NFC
PACKAGE_USAGE_STATS	允许应用程序查看其他应用程序的运行状态
PROCESS_OUTGOING_CALLS	允许应用程序监听、控制、取消呼出电话

续表三

权 限 名 称	说 明
READ_CALENDAR	允许应用程序读取日程信息
READ_CALL_LOG	允许应用程序读取通话记录
READ_CONTACTS	允许应用程序读取通迅录
READ_EXTERNAL_STORAGE	允许应用程序读取外部存储
READ_FRAME_BUFFER	允许应用程序读取帧缓存
READ_INPUT_STATE	允许应用程序获取当前的输入状态
READ_LOGS	允许应用程序读取系统的底层日志
READ_PHONE_STATE	允许应用程序读取设备状态
READ_SMS	允许应用程序读取短信
READ_SYNC_SETTINGS	允许应用程序读取 Google 在线同步配置信息
READ_SYNC_STATS	允许应用程序读取 Google 在线同步状态信息
READ_VOICEMAIL	允许应用程序读取语音邮件
REBOOT	允许应用程序重启设备
RECEIVE_BOOT_COMPLETED	允许应用程序开机自动运行
RECEIVE_MMS	允许应用程序接收彩信
RECEIVE_SMS	允许应用程序接收短信
RECEIVE_WAP_PUSH	允许应用程序接收 WAP PUSH 信息
RECORD_AUDIO	允许应用程序录制音频信息
REORDER_TASKS	允许应用程序将任务移至前端或后台
REQUEST_IGNORE_BATTERY_OPTIMIZATIONS	允许应用程序打开系统对话框并将应用程序直接添加到系统的白名单
REQUEST_INSTALL_PACKAGES	允许应用程序可以请求安装包
SEND_RESPOND_VIA_MESSAGE	允许应用程序在来电话时发送短信回复
SEND_SMS	允许应用程序发送短信
SET_ALARM	允许应用程序设置闹铃提醒
SET_ALWAYS_FINISH	允许应用程序在后台运行时总是退出
SET_ANIMATION_SCALE	允许应用程序设置全局动画缩放
SET_DEBUG_APP	允许应用程序设置开启调试模式
SET_PROCESS_LIMIT	允许应用程序修改最大进程数的限制
SET_TIME	允许应用程序修改系统的时间

续表四

权 限 名 称	说 明
SET_TIME_ZONE	允许应用程序修改系统的时区
SET_WALLPAPER	允许应用程序修改桌面壁纸
SET_WALLPAPER_HINTS	允许应用程序设置壁纸建议
STATUS_BAR	允许应用程序打开、关闭、禁用通知栏
SYSTEM_ALERT_WINDOW	允许应用程序调用系统窗口
TRANSMIT_IR	允许应用程序调用红外发射器
UNINSTALL_SHORTCUT	允许应用程序删除快捷方式
UPDATE_DEVICE_STATS	允许应用程序更新设备的状态信息
USE_FINGERPRINT	允许应用程序调用指纹识别硬件
USE_SIP	允许应用程序调用 SIP 视频服务
VIBRATE	允许应用程序调用手机震动的功能
WAKE_LOCK	允许应用程序在手机屏幕关闭后仍然可以在后台运行
WRITE_APN_SETTINGS	允许应用程序写入 GPRS 接入点的信息
WRITE_CALENDAR	允许应用程序写入日程
WRITE_CALL_LOG	允许应用程序写入通话记录
WRITE_CONTACTS	允许应用程序写入通迅录
WRITE_EXTERNAL_STORAGE	允许应用程序读写外部存储
WRITE_GSERVICES	允许应用程序读写 Google Map 服务
WRITE_SECURE_SETTINGS	允许应用程序读写系统的安全配置
WRITE_SETTINGS	允许应用程序读写系统的配置
WRITE_SYNC_SETTINGS	允许应用程序读写 Google 在线同步配置
WRITE_VOICEMAIL	允许应用程序修改和删除语音邮件

参考文献

[1] HORSTMANN C S. Java 核心技术(卷 I) [M]. 周立新，陈波，叶乃文，等译. 北京：机械工业出版社，2016.

[2] 欧阳燊. Android Studio 开发实战：从零基础到 App 上线[M]. 2 版. 北京：清华大学出版社，2018.

[3] SILLARS D. 高性能 Android 应用[M]. 南京：东南大学出版社，2017.

[4] MEDNIEKS Z. Android 编程[M]. 南京：东南大学出版社, 2013.

[5] GRIFFITHS Dawn，GRIFFISHS David. 深入浅出 Android 开发[M]. 南京：东南大学出版社，2017.